筑梦航空
雄鹰篇

马文来 主编 / 仲戈 陈健 副主编

U0359539

清华大学出版社
北京

内 容 简 介

本书从电影《中国机长》展开,首先讲述了民用航空的定义与概况、民航飞机的制造过程、航班运行流程及飞行员等内容;其次,通过电影《空天猎》讲述了中国空军的发展史、中国空军的组成,以及各类歼击机及世界经典空战的内容;通过对初级航模制作,讲述有关航空模型的知识;最后,通过几款经典的模拟飞行软件进行了模拟飞行初体验。本书贯穿知识与实践相结合的理念,通过各类简易飞机制作、航模制作以及超级电容小飞机制作等实验教程,让学生充分体验飞机设计发展的全过程,在参与的乐趣中得到丰富的航空知识,培养了航空感知、动手能力和探索精神,加深对航空的理解。

本书适合青少年及其他航空爱好者,以及开设航空相关课程的学校、企业等。

图书在版编目(CIP)数据

筑梦航空 . 雄鹰篇 / 马文来主编 . —北京:清华大学出版社,2023.11
ISBN 978-7-302-64621-1

Ⅰ . ①筑… Ⅱ . ①马… Ⅲ . ①航空 – 青少年读物 Ⅳ . ① V2-49

中国国家版本馆 CIP 数据核字(2023)第 196692 号

责任编辑:张 弛
封面设计:常雪影
责任校对:刘 静
责任印制:沈 露

出版发行:清华大学出版社
　　　　　网　　　址:https://www.tup.com.cn, https://www.wqxuetang.com
　　　　　地　　　址:北京清华大学学研大厦 A 座　　　邮　　编:100084
　　　　　社 总 机:010-83470000　　　邮　　购:010-62786544
　　　　　投稿与读者服务:010-62776969, c-service@tup.tsinghua.edu.cn
　　　　　质量反馈:010-62772015, zhiliang@tup.tsinghua.edu.cn
印 装 者:三河市铭诚印务有限公司
经　　销:全国新华书店
开　　本:210mm×285mm　　　印　　张:9.5　　　字　　数:135 千字
版　　次:2023 年 12 月第 1 版　　　印　　次:2023 年 12 月第 1 次印刷
定　　价:72.00 元

产品编号:102527-01

丛书编写委员会

主 任：李 健

副主任：王 霞 齐贤德

委 员：孙卫国 张聚恩 宋庆功

马文来 仲 戈 陈 健

序

　　人类驾驶航空器在天空飞翔,实现了先人们向往星空、御风而行的梦想。世界航空发展是一个充满科学、探索、勇敢和坚持的漫长过程。一个国家航空事业发展和航空文化普及程度高低体现着其综合实力的强弱。在青少年中积极开展航空知识科普教育,引导青少年走近航空、了解航空、感受航空,进而学习航空、热爱航空、奉献航空,从小厚植家国情怀,筑牢航空科学梦想,是一项利国、利军、利民的事业,对培养国家航空后备人才、传承航空文化具有重要而深远的意义。

　　本套图书的编写单位蓝切线(山东)航空产业发展有限公司长期致力于传播航空知识,弘扬航空文化,在山东省航空产业协会原理事长孙德汉的关怀和支持下,始终秉持航空报国的情怀,在航空科普、航空教学、军地联合培养航空后续人才等方面进行了积极的探索和实践。经过多年积累,2020年成立工作组,精心编写了《逐梦航空——雏鹰篇》《筑梦航空——雄鹰篇》《铸梦航空——猎鹰篇》一套三册青少年航空科普教育系列图书。

　　翻开《逐梦航空——雏鹰篇》,以"飞天之梦"为开篇,通过生动有趣的小故事讲述了航空发展的前世今生,展示了从古至今人类对"飞天"的不断探索与追求。三册图书从"雏鹰"到"雄鹰"再到"猎鹰",由浅入深,由初级到高级,图文并茂地讲述了中国民用飞机的种类、飞行原理和主要制造过程;民用航空航班运行流程;以及民航从业人员特别是飞行员的成长过程等一系列生动有趣的内容。还结合电影《空天猎》讲述中国空军的发展史,介绍各类歼击机的性能及世界经典空战内容,激发学生航空报国热情。整套图书贯穿知识与实践相结合的理念,通过各类简易飞机制作、航模制作以及超级电

容小飞机制作等实验教程,让学生充分体验飞机设计发展的全过程,在参与的乐趣中获得丰富的航空知识,培养航空感知、动手能力和探索精神,加深对航空事业的理解。本书在编写上力求探索创新,语言精炼、图文并茂,增强了航空知识的科学性、趣味性和实用性,能够贴合青少年的阅读习惯和学习需求。

当今时代,中国正肩负着实现民族复兴的伟大使命,建设航空强国是国家战略发展的重要任务。航空强国要从青少年抓起,要让航空文化在众多青少年心中生根发芽,这项工作也需要每位热爱航空事业的人躬身践行。海阔凭鱼跃,天高任鸟飞。相信在航空科普教育的推动下,中国航空事业后继有人。

中国工程院院士

飞机总体设计专家

沈阳航空航天大学名誉校长

中国电动飞机开创者

前　言

2002 年,第九届全国人大常务委员会发布了《中华人民共和国科学技术普及法》,明确提出发展科普事业是国家的长期任务,科普是公益事业,是全社会的共同责任,是社会主义物质文明和精神文明建设的重要内容,社会各界都应当组织参加各类科普活动。2016 年,习近平总书记在"科技三会"上提出:科技创新、科学普及是实现创新发展的两翼,要把科学普及放在与科技创新同等重要的位置。党的二十大报告强调要加强国家科普能力建设。

航空产业是国之重器,是国家重要的战略领域,随着科学技术的发展,航空正在改变人类生活的方方面面,中国人对航空知识的渴望越来越浓。我们每个人都曾有过飞翔的梦想,曾几何时,每当有飞机从天空掠过,我们会情不自禁地抬头眺望,孩子们则跳跃着、追赶着、呼喊着:"飞机!"飞行器让人们实现了飞行梦。但是在中国,航空还是离人们很远很远,少年在作文中对理想的描绘、青年走向社会对工作的期望大多是成为解放军、医生、教师或科学家,而想当飞行员、飞机设计师的凤毛麟角。其原因在于,长期以来全社会还没有形成普遍关注航空的氛围,缺乏热爱航空的意识。进行航空科普宣传,在青少年中开展航空知识教育已势在必行。鉴于此,蓝切线(山东)航空产业发展有限公司根据实际需要,听取多方意见,于 2020 年成立了青少年航空科普教育系列教材编委会,精心组织编写了《逐梦航空——雏鹰篇》《筑梦航空——雄鹰篇》《铸梦航空——猎鹰篇》一套三册青少年航空科普教育系列图书,旨在普及航空文化,完善青少年航空科普教育知识体系,提高青少年了解和学习航空科普的积极性。

该系列共分三册。第一册是针对初级阶段的《逐梦航空——雏鹰篇》,以"飞天之梦"为开篇,通过多个生动有趣的故事讲述了航空发展的前世今生,展示了从古至今人类对"飞天"的不断探索与追求。图文并茂地介绍了航空器的分类和主要用途,通过制作各类纸飞机和橡皮筋飞机来体验飞机设计师的工作乐趣。第二册是针对中级阶段的《筑梦航空——雄鹰篇》,从《中国机长》看民用航空开篇,讲述了民用航空的定义与概况、民航飞机的制造过程、航班运行流程及关于飞行员等民航从业人员的一系列生动有趣的内容。结合电影《空天猎》讲述中国空军的发展史、中国空军航空兵部队组成,讲述关于各类战斗机及世界经典空战的内容,激发读者航空报国热情。通过对初级航模制作及超级电容小飞机制作,介绍有关航空模型的知识,培养学生的航空感知和探索能力。最后,通过几款经典的模拟飞行软件,进行了模拟飞行初期体验。第三册是针对高级阶段的《铸梦航空——猎鹰篇》,从小型飞机开篇,讲述了关于飞机结构、动力装置和飞行原理等知识;接着通过轻型直升机介绍了关于旋翼机的结构、动力装置和飞行原理等知识。介绍了飞行模拟训练器、直升机模拟训练器,以期增强学生对模拟飞行的浓厚兴趣。最后通过高级航模制作过程,体验高级飞机设计从无到有的全过程,加强对航空的深入理解。

该书于2020年9月编写完成后,在相关中小学和社会培训机构进行了验证应用,经过两年多的实践推广,在广大青少年和社会应用层面取得了良好的反响。2022年下半年,编委会根据应用过程中发现的问题,在广泛收集和听取各方意见建议的基础上对内容进行了全面改版完善,在框架调整、标题优化、图片处理、文字校对等方面做了大量修订,进一步将理论性与应用性结合、传统性与时代性结合、趣味性与科学性结合、知识性与思想性结合,打造了更科学、更实用的第二版航空科普教育系列图书。2023年3月26日,编委会组织航空业内专家许天牧、任超忠、黄伟宏、李艳华和李健涛等,对教材进行了评审,专家一致认为,本书编写以普及青少年航空知识,传播航空文化,激发青少年航空报国热情,为中国航空事业持续发展培养后备人才为目的,有利于培养青少年对航空科学的兴趣和坚持不懈的探索精神,对培养国家航空人才具有重要意义。教材形式贯穿理论与实践相结合的理念,通过各类航模制作、模拟飞行等实验教程,让青少年体验航空器发展的全过程,在参与的乐趣中培养航空感知、动手能力和探索精神,丰富航空知识。教材内容上推陈出新、语言精炼、图文并茂,贴合青少年的阅读习惯和学习需求,具有较强的科学性、趣味性和实用性,是一套非常有推广价值的科普教材。

教材在编写的过程中,参考了大量现有的相关图书、教材、研究论文等文献资料,已在参考文献中列示,同时得到航空界有关专家的帮助和指导,在此一并表示衷心感谢。由于编委会能力水平有限,其中难免有疏漏不当之处,敬请读者在使用过程中及时提出宝贵意见,以期不断予以改进。

青少年航空科普教育系列教材编委会
2023 年 9 月

目　录

第1章

从《中国机长》看民用航空

电影《中国机长》根据 2018 年 5 月 14 日四川航空 3U8633 航班机组成功处置特情的真实事件改编,机组执行航班任务时,在万米高空突遇驾驶舱风挡玻璃爆裂脱落、座舱释压的极端罕见险情,生死关头,英雄机组的正确处置,确保了机上全体人员的生命安全,创造了世界民航史上的奇迹。现实中"英雄机长"的壮举也给我们留下了深刻的印象(见图 1.1)。

图 1.1 《中国机长》剧照 1(电影《中国机长》微博)

时代造就英雄,但英雄的诞生也不是偶然,他们的背后离不开日复一日严格的训练。下面我们从电影《中国机长》出发,揭开民用航空神秘的面纱。

1.1 民用航空概述

1.1.1 基本概念

民用航空是指使用航空器从事除了国防、警务和海关等国家航空活动以外的航空活动。民用航空活动是航空活动的一部分,同时以"使用"航空器界定了它和航空制造业的界限,用"非军事等性质"表明了它和军用航空等国家航空活动的不同。

1.1.2 分类组成

民用航空分为运输航空和通用航空两部分。

1．运输航空

　　运输航空也称为公共航空运输,是指使用民用航空器运送旅客、货物、行李或邮件等,进行经营性客货运输的航空活动。运输航空是现代社会综合交通体系中的重要组成部分,与铁路、公路、水运和管道运输共同组成国家交通运输系统（见图1.2、图1.3）。

图 1.2　公共航空运输客机（崔文斌　摄）

图 1.3　公共航空运输货机

2.通用航空

通用航空是指使用民用航空器从事除军事、警务、海关缉私飞行和公共航空运输飞行以外的民用航空活动,包括但不限于从事工业、农业、林业、渔业、矿业、建筑业等作业飞行,医疗卫生、抢险救灾、气象探测、海洋监测、科学实验、遥感测绘①、教育训练、文化体育、旅游观光等方面的飞行活动,以及为行政事务、商务服务的商务航空活动和其他私人飞行活动(见图1.4)。

图1.4 通用航空作业(崔文斌 摄)

1.1.3 运行架构

民用航空主要由行业主管部门、民航企业和民航机场三大部分组成。

1.行业主管部门

民用航空对安全的要求高,涉及国家主权和交往的事务多,需要具备迅速、协调和统一的调度能力,因而,世界各国几乎都设立独立的政府机构来管理民航事务。我国是由中国民用航空局来负责管理,中国民用航空局②简称中国民航局或民航局,英文缩写 CAAC(Civil Aviation Administration of China)(见图1.5)。

图1.5 中国民用航空局标志
(中国民航网,2019-10-20)

① 遥感技术在测绘专业领域的应用,主要包括利用遥感几何信息测绘地形图和利用遥感物理信息测绘专题图。
② 中国主管民用航空事业的政府机构,是中华人民共和国国务院主管的由交通运输部管理的国家局。

2．民航企业

民航企业就是从事和民航业有关的各类企业，其中最主要的是航空运输企业，即航空公司[①]，其掌握航空器从事生产运输，是民航业生产收入的主要来源。其他类型的航空企业如油料、航材、销售等，都是围绕着运输企业开展活动的。航空公司的业务主要分为两部分：一部分是航空器的使用（飞行）、维修和管理，另一部分是公司的经营和销售（见图 1.6）。

图 1.6　部分航空公司标志（中国民航网）

3．民航机场

民航机场是指位于陆地或水上，全部或部分供飞机起飞、降落、地面活动以及实施飞机维修和飞行保障的场所，又称飞机场或航空港，包括附属建筑物和设施。机场的组成至少需要一个平面，用于修建跑道、停机坪等道面系统，而且往往包括一些建筑物，如塔台、机库和航站楼。大型机场可能有机场地勤

---

① 以各种航空飞行器为运输工具为乘客和货物提供民用航空服务的企业。

服务、水上飞机停泊码头和机坪、空中交通管制①和旅客服务设施,如餐厅和酒廊以及应急避难场所等。

1.1.4 发展历史

1. 世界民航

世界民用航空的发展大体经历了三个阶段。从20世纪初到第二次世界大战(以下简称二战)前为产业初创期;从20世纪40年代到1991年苏联解体为产业扩张期;从1992年至今为整合垄断期。

1)产业初创期

在飞机大量使用之前,1909年11月16日,德国发明家齐柏林②创办了德国航空有限责任公司,是世界上第一家商业性质的民航运输业者。该公司自1910年开始用飞艇载客收费,到1913年11月第一次世界大战(以下简称一战)爆发前夕,该公司在德国各城市间运送了约34000人次,无一伤亡,确立了航空公司的基本经营形态。

齐柏林逝世后,该公司及其后续的齐柏林飞艇型号继续用于客运。直到1937年5月,填充氢气的飞艇"兴登堡号"在飞越大西洋到达美国时,于新泽西州降落场地不幸着火失事。事件被大众媒体广泛传播,造成了恶劣影响,终止了各国继续发展飞艇行业的意愿。这也宣告了民用航空史上飞艇时代的暂时结束。

随着飞机的发明和发展,民用航空开始进入飞机时代。

首先是飞机被用于货物运输。1910年11月7日,美国飞行员菲利普·帕马利驾驶莱特B型双翼机,将莫尔豪斯貂皮公司的一批丝织品从代顿运往哥伦布开展促销活动,这是第一次飞机货运。1911年2月8日法国飞行员亨利驾驶一架法国生产的索默式飞机,携带6500封信函,从印度的阿拉哈巴德市起飞,飞往5英里外的奈尼·辛克森,从而完成了人类历史上最早的空中邮政飞行。同年7月,最早的客运和货运专用飞机也先后出现。

---

① 空中交通管制是指为保证飞行安全,对每架飞机从起飞到着陆整个飞行过程中的指挥和调配。
② 德国飞艇制造家、大型实用硬式飞舰艇的发明人(1838—1917)。

　　然后是专用民用航线的开辟，1914 年 1 月 1 日，美国东南部佛罗里达州开辟了一条飞越海湾、连接圣彼得堡和坦帕市的旅游航线，每天两个班次，飞行时间仅 23 分钟，在旅游旺季共经营了 5 个月，载客 1204 人次。1919 年 1 月，德国建立了第一条国内的商业航线：从汉堡到阿莫瑞卡。同年 2 月 5 日，又开通了从柏林到魏玛的航线，航程 192 千米，飞行时间为 2 小时。

　　其次是民航法律的设立，1919 年 10 月 13 日在巴黎签署的《关于管理空中航行的公约》，即《巴黎公约》，是第一部关于航空的国际公约，是第一部最完整、最重要的国际航空法法典，对于国际航空法的建立和发展具有重要作用。

　　最后是民航客机的出现。1919 年，德国人容克斯将战时的 J-10 型轰炸机改装成世界上第一架全金属单翼的 F-13 型 4 人座民航机，此机性能优异，在民航运输史上占有极重要地位，被 60 多家航空公司采用，巴西航空甚至一直使用到 1954 年。

　　早期民航飞机的航程虽然有限，载客量也不大，但是洲际民航航线的建立，使得地球逐渐变"小"，人们的交流范围也在逐渐变"大"，人们对于航空运输的需求急剧提升；另外，航空运输在国际政治、商业贸易中起到了重要的作用，社会发展对其需求也日益增长。正是这种迫切的需要，进一步促使飞机研究和发展工作跃上新台阶，因而在 20 世纪 30 年代促成了现代民航客机的出现（见图 1.7）。

图 1.7　波音 247 飞机（科普中国）

2）产业扩张期

这个时期的主要成果是《国际民用航空公约》、国际民航组织的成立和民用航空进入喷气时代。

1944 年 11 月 1 日—12 月 7 日 52 个国家在芝加哥召开国际会议,产生了 3 个重要协定,即《国际民用航空公约》《国际航班过境协定》和《国际航空运输协定》。《国际民用航空公约》又称《芝加哥公约》,其为管理世界航空运输奠定了法律基础,是迄今为止最重要的有关国际航空的国际公约,是国际民航组织的"宪法"。

1947 年 5 月 13 日,联合国为了更好地管理国际航空运输事务,成立一个专门的机构,即国际民航组织[①](International Civil Aviation Organization,ICAO),其总部设在加拿大蒙特利尔。

二战结束后,民用航空运输进入产业扩张时期。但当时使用的活塞式发动机飞机,不仅速度慢,而且因为飞行高度低,飞机易受大气乱流影响,天气不好时多数乘客呕吐不止,十分难受。二战时期因军事需要世界各地兴建的大型机场为战后民航迅速发展创造了良好环境,喷气式发动机的出现适时为民航机喷气时代奠定了基础。喷气式飞机投入使用是民航技术的又一次跃升,不仅使民航飞机的速度提高,而且使飞行高度跨升到平流层,提升了安全性和舒适性。

最初使用的喷气式民航飞机是英国的"子爵"号,它装有 4 台涡轮螺旋桨发动机,1950 年 7 月 29 日在伦敦—巴黎航线上飞行。第一架使用涡轮喷气发动机的民航飞机是英国的"彗星"号[②](见图 1.8)。

图 1.8 "彗星"号飞机(美国有线电视新闻网)

---

① 协调各国政府有关民航经济和法律事务并制定各种民航技术标准和航行规则的国际组织,简称国际民航组织。

② 英国德·哈维兰公司研制。"彗星"号于 1949 年首次试飞,1952 年投入航线使用。它以速度快、飞得高、乘坐舒适而引起世人普遍关注。由于当时未认识到机体结构疲劳问题,"彗星"号多次发生重大事故。但它直接促成了美国波音 707 和道格拉斯 DC-8 投入研制和使用。从此,喷气式客机真正获得普遍认可和应用。"彗星"号喷气式客机各种改型总计生产了 125 架。

在这以后,航线上飞行的喷气民航飞机又有苏联的图-104(1956 年)和美国的波音 707(1958 年)。波音 707 的速度达到 900 ～ 1000km/h。20 世纪 50 年代末,又出现了同类型的喷气式民航飞机 DC-8 和康维尔 880/990。从 1956 年起,喷气式民航飞机数量日益增加,成为民航运输的"主力军"。

3)整合垄断期

在 20 世纪的最后十年,世界航空主要制造商之间发生新的并购潮。

波音和空客分别实施合作共赢计划和内部增效计划,挤压供应商的利润空间,并实施垂直整合。2008—2016 年,洛克希德·马丁公司和波音公司分别实施 20 起和 24 起并购,空客公司在 2008—2018 年实施并购 24 起。

我国航空产业在经历数次体制与机构变革后,到 2016 年形成了以三家国家级集团公司为航空工业主力军和以三家大型航空运输公司为航运业主力军的基本格局,分别是中国航空工业集团有限公司(AVIC,2008 年)、中国商用飞机公司(COMAC,2008 年)和中国航空发动机集团公司(AECC,2016 年),以及中国国际航空公司、中国东方航空股份有限公司、中国南方航空股份有限公司。

在此之后,航空产业对世界经济影响越来越大,成为最具活力、最重要的产业之一。

2．中国民航

1949 年 10 月 1 日,新中国成立,同年 11 月 2 日,中国民用航空局成立,正式开启了我国民航事业发展的篇章。从 1949 年至今,我国民航发展大致经历了四个阶段。

1)筚路蓝缕

1949 年 11 月 2 日,中共中央政治局会议决定,在人民革命军事委员会下设民用航空局,受空军指导。11 月 9 日,中国航空公司、中央航空公司总经理刘敬宜、陈卓林率两公司员工在香港光荣起义,并率领 2000 多名员工、12 架飞机回到北京、天津,为新中国民航建设提供了一定的物质和技术力量。1950 年,新中国民航初创时,仅有 30 多架小型飞机,年旅客运输量仅 1 万人,运输总周转量仅 157 万吨·千米。

2）改革初期

1978 年 10 月 9 日,邓小平指示民航要用经济的办法管理。1980 年 2 月 14 日,邓小平指出:"民航一定要企业化"。同年 3 月,中国民航局从隶属于空军改为国务院直属机构,中国民航从军队脱离建制,实行企业化管理。这期间中国民航局是政企合一,既是主管民航事务的政府部门,又是以"中国民航"（CAAC）名义直接经营航空运输、通用航空业务的全国性企业。下设北京、上海、广州、成都、兰州（后迁至西安）、沈阳 6 个地区管理局。1980 年全国民航只有 140 架运输飞机,且多数是 20 世纪 50 年代甚至 40 年代生产制造的苏式伊尔-14 飞机,载客量仅 20 ～ 40 人,载客量 100 人以上的中大型飞机只有 17 架;机场只有 79 个。1980 年,我国民航全年旅客运输量仅 343 万人,全年运输总周转量 4.29 亿吨•千米,居新加坡、印度、菲律宾、印尼等国之后,列世界民航第 35 位。

3）改革深化

1987 年,中国政府决定对民航业进行以航空公司与机场分设为特征的体制改革。主要内容是将原民航北京、上海、广州、西安、成都、沈阳 6 个地区管理局的航空运输和通用航空相关业务、资产和人员分离出来,组建了 6 个国家骨干航空公司,实行自主经营、自负盈亏、平等竞争。这 6 个国家骨干航空公司是中国国际航空公司、中国东方航空公司、中国南方航空公司、中国西南航空公司、中国西北航空公司、中国北方航空公司。此外,以经营通用航空业务为主并兼营航空运输业务的中国通用航空公司也于 1989 年 7 月成立。

4）辉煌发展

2002 年中国政府对民航业再次进行重组,把民航局直属的航司及企业合并后,组成了六大集团公司,分别是中国航空集团公司、东方航空集团公司、南方航空集团公司、中国民航信息集团公司、中国航空油料集团公司、中国航空器材进出口集团公司。成立后的集团公司与民航总局脱钩,由中央管理。并把监管机构改革为民航局下属的七个管理局,分别是华北、东北、华东、中南、西南、西北、新疆管理局。

截至 2022 年 5 月,我国共有定期航班航线 4864 条,按重复距离计算的航线里程为 1049.63 万千米,按不重复距离计算的航线里程为 689.78 万千米；我国共有运输航空公司 65 家，通用航空企业 599 家，民航全行业运输飞机期末在册架数 4054 架，通用航空在册航空器总数达到 3018 架。我国境内运输机场（不含香港、澳门和台湾等地区）248 个，全行业完成运输总周转量 856.75 亿吨·千米，全行业完成旅客周转量 6529.68 亿人·千米。

中国航空正在世界第二个航空百年征程上创造辉煌业绩，与世界发达国家的差距将进一步缩小，对国民经济和国防建设的贡献将进一步提升，可以说，中国民航在各方面追赶世界发达国家的脚步，正越来越快、越来越有力。但要想真正实现对世界发达国家民航业的追赶甚至超越，我们需要做的还有很多。在航空公司的经营和管理上，我国航空企业的竞争力和盈利能力还存在明显差距。

现阶段，我国已经是毫无争议的民航大国，但还算不上真正意义上的民航强国。我们需要的不仅是规模上的提升，还有品牌、效率、科技、服务等方面全方位的追赶。

1.2　民航飞机的一生

民航飞机从设计研发到投入运营是一件极其复杂、极其困难的事情，要经过一系列苛刻的测试，还要进行漫长的试飞取证过程。接下来我们一起来看看，一款机型是如何制造出来的？为什么要这样造？以及要经历哪些阶段？

飞机从设计到投入运营经历的阶段主要包括概念设计、项目启动、工程发展、交付培训、生产优化和改进升级等。如图 1.9 所示是波音 777 的飞机模型。

图 1.9　波音 777 飞机模型

1.2.1　概念设计

　　制造飞机的第一步是概念设计,概念设计主要通过调研来实现,当飞机制造公司有制造一款新客机想法时,都会进行调研,调研时间会持续几年时间(见图1.10)。

图1.10　C929飞机概念图(马卡耶夫　摄,billibili)

　　调研首先要询问航空公司的需求和咨询供应商的技术是否支持,然后将构想推销给航空公司,最后观察航空公司的反应,分析概念设计的可行性。

1.2.2　项目启动

　　飞机制造商在完成概念设计后,还需要和供应商甚至航空公司一起完成初步设计,即联合定义阶段(joint definition phase,JDP)。这一过程的主要任务是细化飞机的性能和要求。

　　JDP阶段通常完成时间是半年到一年,这个阶段之后,飞机制造公司就会公布飞机一些比较详细的数据,如是否采用复合材料机身、机身具体长度宽度、航程载荷等,并且会公布时间表,包含什么时候首飞,什么时候交付等具体信息(见图1.11)。

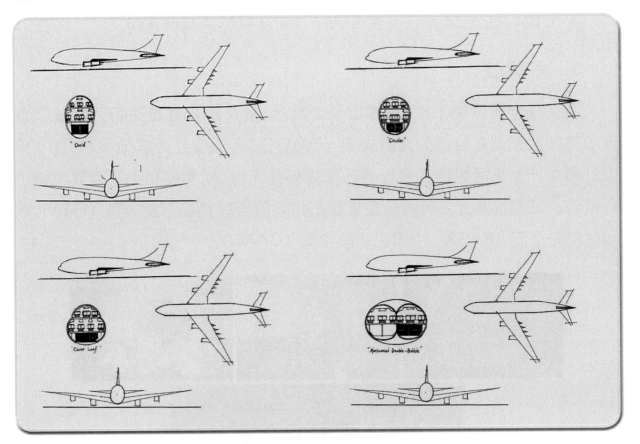

图 1.11　新机型研制过程

1.2.3　工程发展

在完成 JDP 阶段后,下一步就是工程发展阶段。工程发展阶段主要任务是将飞机从图纸变成实物。在工程发展阶段试飞的原型机就会制造完成,通常全机组装后半年左右就会进行试飞。这个阶段会经历以下三个流程。

1. 详细设计

在工程发展阶段首先进行的是详细设计工作,主要是设计出飞机的所有部件和工艺生产流程,为全面试制做好准备。

2. 全面试制

在得到飞机部件和工艺流程图纸后,就要开始飞机的全面试制工作。全面试制工作中主要是单一部件的反复修改和多系统的组合测试。这个阶段的制造工作由飞机制造商完成或者将设计图交给供应商,由供应商来制造飞机的一些部件。

图 1.12 ～图 1.14 所示为波音 787 飞机各种性能测试示例。

3. 试飞取证

在完成全面试制工作,制作出原型机后,最后一步就是进行飞机试飞取证。每个国家都有自己的适航规则,无论是空客、波音还是其他飞机,在飞机设计和生产出来后想要在全世界范围内畅通无阻,则需要相关的监管机构进行取证。目前世界上主要的航空监管机构有美国联邦航空管理局(FAA)、欧洲航空安全局(EASA)、中国民用航空局(CAAC)。

图 1.12　波音 787 飞机机身段破坏性测试(军工智能制造网)

图 1.13　波音 787 飞机机翼破坏性测试(军工智能制造网)

图 1.14　波音 777 飞机
铁鸟测试（军工智能
制造网）

　　模拟自然结冰的专用机库，如图 1.15 所示。在机库做自然结冰测试，如图 1.16 所示。

图 1.15　模拟自然结
冰专用机库（军工
智能制造网）

图 1.16　在机库做自然结冰
测试（军工智能制造网）

试飞取证就是在飞机交付使用之前,对飞机进行飞行测试,采集飞机飞行数据,使飞机在交付之前处于最稳定的飞行状态,保证飞机飞行结果的准确科学。让飞机沿着正式使用前的航线飞行,进行测试,以检验飞机各零部件和设备的可靠性和完善程度。

1.2.4　交付培训

完成飞机试飞取证工作后,在交付前,飞机制造商还要对机场和购买飞机的航空公司进行交付培训。培训内容主要包括飞机对机场的适应能力评估,给出相应机场的飞机运营指引,比如装卸货程序等。对航空公司来说,还有必要的飞机使用培训,而且这个培训可以说是终生的,当发现问题后,都需要额外增加相应的培训,比如正副驾驶所负责的管理范围,这些都必须有飞机制造商给出明确的手册并进行培训,当然航空公司可能会根据自己的使用经验重新整理一套机型的培训流程(见图1.17)。

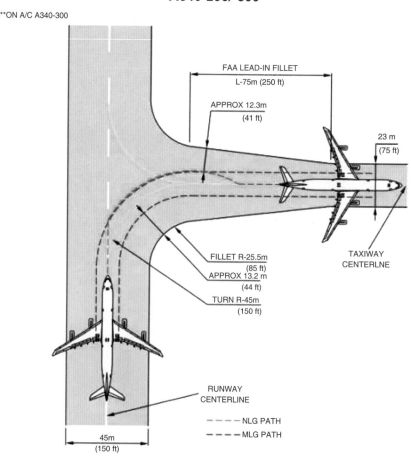

图 1.17　空客 A340-300 飞行手册对机场滑行道要求

1.2.5 生产优化

客机设计生产作为一个商业项目,管理和成本控制非常重要,本阶段主要任务是优化生产线,提升效率和设计优化。以往生产飞机是完成一个工序才移动到下一个工位,当使用移动生产线后,让每一个工位的时间变得固定,变相提高了生产效率,在耗费同样的工资和能源下,提高产量,从而降低了生产成本,图 1.18 所示为波音 777-200ER 飞机。

图 1.18　波音 777-200ER 飞机模型

1.2.6 改进升级

在飞机推入市场以后,飞机制造商还要考虑市场的反馈情况,进行后续改进阶段。主要从以下两个方面改进。

（1）考虑形成一个系列去适应细分市场。例如,座位多点、航程短点或者相反,如 A330-300（增加座位）、B777-300ER（增加航程）。

（2）为了某些特殊需求而改装。例如,B777-200LR,就是针对超远航程加装油箱,并且强化机体。图 1.19 为至本书发稿时现役推力最大的发动机。

图 1.19　现役世界上推力最大的发动机——GE90-115B（CHINA DAILY）

随着社会的发展,航空公司要满足人民群众日益提高的出行要求,满足市场的不断变化,必然要求运输机型具备更多的功能和更好的性能,如果机型不能满足一个时代中航空公司需求的大趋势,再畅销的机型也会被历史淘汰,走向退役、停产。

至此,一种机型从设计初始,着力开发,进行首飞,投入运营,大批量生产,直至停产的一生就清晰了。

1.3　航班运行全流程

飞机越来越成为一种大众选择出行的交通工具,相信也已经有不少的人都有乘坐飞机出行的经历,而且不止一次。但是,这个航班的运行全过程你知道吗?下面我们一起了解一下,一个完整的航班运行到底要经历哪些过程。

除去航线设置以及售票这类属于航空公司市场和运营部分,航班的运行流程分别是准备、起飞、离场、巡航、下降、进近、着陆等。

1.3.1　准备

正如我们乘坐汽车出去旅行之前要做准备（查询路线、加油、检查汽车轮胎和准备餐食）一样,飞机飞行也要做飞行准备,主要包括飞行员准备和地面准备。

1．飞行员准备

飞行员在起飞前规定的时间内（通常为 1.5 ～ 2 小时），需要领取资料（飞行资料、飞行计划、天气图、航线、航路、通告），阅读核对以上资料并到准备室开始做当天的飞行准备。

飞行员对飞行信息做细致的分析，能大致预先了解在飞行中的各个飞行阶段会出现的非正常情况，提前做好预案（见图 1.20）。

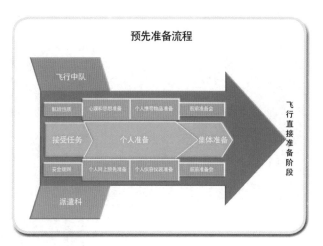

图 1.20　飞行预先准备阶段
（从文库，2022-4-19）

2．地面准备

地面准备主要包括航前检查、物资补给和放行准备。

1）航前检查

飞行员在飞机起飞前要检查飞机的外部情况，主要检查飞机的起落架、机翼等设备是否存在影响飞机安全飞行的故障隐患，这一过程一般会和飞机维修人员一同进行。如果在检查飞机的外部情况时发现问题，需立即让飞机维修人员排查故障，以消除安全隐患，保障飞行任务的顺利进行。

2）物资补给

这一过程主要是在飞机起飞前，给飞机加注燃料、完成客舱的清洁工作、餐食运送、运装旅客托运的行李（见图 1.21 ～ 图 1.23）。

3）放行准备

放行准备主要是旅客登上飞机后，飞机要从停放的机位按照相应的指令推到滑行道上，进行排队，准备起飞（见图 1.24）。

1.3.2　起飞

完成飞机的起飞准备，飞机便可以进入起飞阶段。飞机的起飞阶段分为五个阶段，即许可申请、推出开车、地面滑行、进入跑道和允许起飞。

图 1.21　飞机加注航油
　　　　（崔文斌　摄）

图 1.22　送餐车为飞机送餐食

图 1.23　装载行李

图 1.24　拖拽车拖出飞机
　　　　（通航广场）

1．许可申请

旅客登机完毕，机长和副驾驶口头叙述飞行计划以及起飞滑跑和起飞后的紧急情况处置预案（主要是做最后的核对和紧急情况复核），之后副驾驶向塔台申请放行许可，依据放行许可修改飞行计划。

2．推出开车

得到放行许可后，启动发动机，推出开车。机长示意副驾驶向塔台请示开车，同意后飞机启动发动机。

3．地面滑行

飞机由停机位推出开车后，开始向塔台地面管制申请滑行的放行许可，滑行许可中应包括使用滑行道，将滑行所到达的跑道号及必要时的特殊规定，如：CCA197，经过滑行道 Z3、Z2、L、36L，在 L 稍等。在得到同意后开始滑行，这时乘务员对旅客进行航空安全的广播和示范，逐一检查旅客系安全带的情况（见图 1.25）。

图 1.25 机场内地面滑行

4．进入跑道

当滑行到跑道外时，应该在跑道外标记的等待位置等待，待得到进入跑道的放行许可后，方可进入跑道，严禁没有允许进入跑道。进入跑道许可中的指令有固定含义，如："跑道外等待"应该将飞机停止在跑道联络道以外；"进跑道等待"则为允许进入跑道，但需要在跑道内等待，不得起飞；而"进跑道，地面风××度××m/s，可以起飞，跑道××"则为可以直接进入跑道进行起飞。

5．允许起飞

飞机已经滑行到跑道上，当塔台管制员发出允许进入跑道的放行许可后，飞机可以进入跑道等待起飞指令，在得到起飞许可并复诵起飞许可后可以起飞离地。自动刹车开关在"RTO"（中断起飞）位置，机组将襟翼放到规定位置，并向客舱发出起飞的信号。

1.3.3 离场

1．许可申请

飞机已经滑行到跑道上，当塔台管制员发出允许进入跑道的放行许可后，飞机可以进入跑道等待起飞指令，在得到起飞许可并复诵起飞许可后可以起飞离地。

2．航线飞行

飞机离地后，约在1000英尺（大约304.8米）建立积极爬升姿态后，如是程序管制，应报告飞机已经离地；如为雷达管制，等待管制员发给联系离场（进近）部门的换频许可。联系离场（进近）后，根据管制员发出的指令上升到规定高度，并按照管制员给予的标准离场程序SID进行离场飞行。

1.3.4 巡航

1．巡航飞行

当飞机由进近或塔台移交给区调，并被告知换频许可后，应立刻主动联系对应区调,并报告自己的高度、位置以及应答机编码,区调进行确认后发出新的指令,飞机按照区调给予的指令进行巡航飞行。

在实际运行过程中,航空器严格按照计算机飞行计划飞行是有利于航空器安全保障的,计算机飞行计划的航路点、油量、高度等相关数据也作为公司建立有效飞行安全监控系统的数据来源,所以如果航空器发生油量告警、高度告警,也是按照飞行管理计算机飞行计划来进行匹配和告警的。

2. 改航绕飞

在运行中,尤其是雷雨季节或者军事活动频繁的区域,管制指挥绕飞或者飞行机组主动绕飞天气的情况也时常发生,在这种情况下,需要对航空器的飞行状态更加关注,主动核实飞行关键数据信息,以免出现飞行偏差、油量偏差甚至航路备降的情况。

飞行前,机长应该根据气象报告和预报,选择绕飞雷雨的航路和备降机场,拟订切实可行的绕飞计划,做好绕飞雷雨的准备,适当增加航段油量。

飞行中遇到雷雨时,机长必须判明雷雨的强度、分布情况、移动方向和云底、云顶的高度,决定继续飞行或返航备降,并将决定报告 ATC,严禁飞入积雨云和浓积云中。飞行中绕飞雷雨时,必须考虑到有转弯退出的余地。

飞行机组应及时向公司运行控制中心和所属飞行部门报告。飞行任务结束后,飞行部门在必要时可召开机组会,详细了解、分析情况,24 小时内向安全监察部门提交书面报告。

1.3.5 下降

1. 下降高度

当飞机即将到达机场一定距离时,根据区调指挥的高度将飞机下降到规定高度,为飞机的进场做好准备,此时机组只是复诵管制员指令,并按照指令进行操作即可。飞机开始下降,自动驾驶仪将油门收至慢车位,机头下俯,如无冲突,飞行员采用经济、舒适的下降率下降。客舱增压系统自动调整客舱气压以适应着陆机场气压。飞机沿预定航迹进入机场的空中走廊,此时距机场约 100 千米。

2. 联系进近

对不设进近的机场,由区调指挥下降到进场高度时移交给塔台引导飞机进场,并按要求根据指令使用雷达或标准进场程序 STAR 进场即可。

如果机场设置了进近,当飞机按照规定下降到进场高度后,飞至机场走廊口或飞临进近管制区边界时区调管制员会告知飞行员换频联系进近,由进近引导飞机进场,可使用雷达管制或程序管制。

1.3.6 进近

1. 起始进近

在进场阶段应该严格按照空中交通管制发出的指令进行操作,并复诵管制员指令,严守高度、速度。

程序管制的机场,进近一般采用标准进近方式引导,会告知飞行员使用哪个机场标准,飞行员复诵后,自行按照机场的标准进场图、仪表进近图进行自主领航,并按照图上标记的报告点进行信息报告(见图 1.26 和图 1.27)。

雷达管制的机场,空管一般会进行雷达引导,在雷达引导进入最后进近阶段或切入航向道后,自己就可以自主调速了,飞行员不必按照标准仪表进近图标记的报告点进行信息的报告,只需在管制员要求的报告点报告。

2. 准备降落

进入最后进近阶段或切入航向道后,一般进近开始时将飞机移交给塔台。当塔台管制员确信进近着陆的航空器飞越跑道入口时符合条件,可向航空器发布着陆许可,但该着陆许可不得在前方着陆航空器飞越跑道入口之前发出。着陆许可发布前要满足以下三个条件。

(1)符合航空器之间尾流间隔标准。

(2)着陆航空器飞越跑道入口前,前行离场航空器已经飞越使用跑道末端或者已开始转弯。

(3)着陆航空器飞越跑道入口前,前行着陆航空器已经脱离使用跑道。

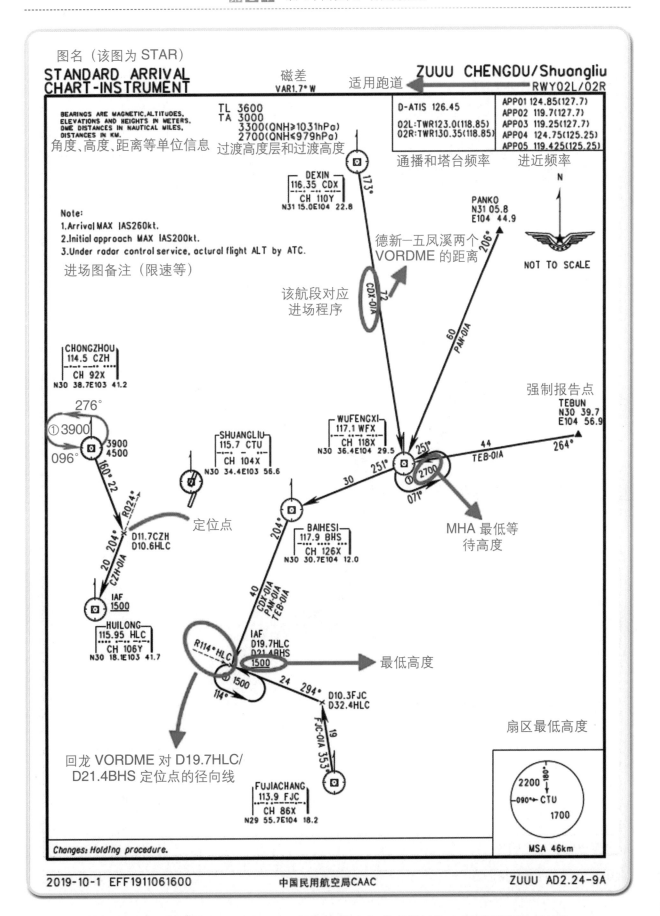

图名（该图为 STAR）

STANDARD ARRIVAL CHART-INSTRUMENT

磁差
VAR1.7° W

适用跑道

ZUUU CHENGDU/Shuangliu
RWY02L/02R

BEARINGS ARE MAGNETIC.ALTITUDES, ELEVATIONS AND HEIGHTS IN METERS. DME DISTANCES IN NAUTICAL MILES. DISTANCES IN KM.

角度、高度、距离等单位信息

TL 3600
TA 3000
3300(QNH≥1031hPa)
2700(QNH≤979hPa)

过渡高度层和过渡高度

D-ATIS 126.45

02L:TWR123.0(118.85)
02R:TWR130.35(118.85)

APP01 124.85(127.7)
APP02 119.7(127.7)
APP03 119.25(127.7)
APP04 124.75(125.25)
APP05 119.425(125.25)

通播和塔台频率　　进近频率

Note:
1.Arrival MAX IAS260kt.
2.Initial approach MAX IAS200kt.
3.Under radar control service, actural flight ALT by ATC.

进场图备注（限速等）

DEXIN
116.35 CDX
CH 110Y
N31 15.0E104 22.8

PANKO
N31 05.8
E104 44.9

N

德新—五凤溪两个
VORDME 的距离

NOT TO SCALE

该航段对应
进场程序

强制报告点

TEBUN
N30 39.7
E104 56.9

CHONGZHOU
114.5 CZH
CH 92X
N30 38.7E103 41.2

276°
① 3900
096°
3900
4500

WUFENGXI
117.1 WFX
CH 118X
N30 36.4E104 29.5

25°
251°
071°
2700

44
264°
TEB-0IA

SHUANGLIU
115.7 CTU
CH 104X
N30 34.4E103 56.6

定位点

MHA 最低等
待高度

D11.7CZH
D10.6HLC

204°
BAIHESI
117.9 BHS
CH 126X
N30 30.7E104 12.0

IAF
1500

HUILONG
115.95 HLC
CH 106Y
N30 18.1E103 41.7

R114° HLC

IAF
D19.7HLC
D21.4BHS
1500

最低高度

1500
114°

24
294°
D10.3FJC
D32.4HLC

扇区最低高度

回龙 VORDME 对 D19.7HLC/
D21.4BHS 定位点的径向线

FJC-0IA 353°
19

FUJIACHANG
113.9 FJC
CH 86X
N29 55.7E104 18.2

2200
CTU
1700

MSA 46km

Changes: Holding procedure.

2019-10-1 EFF1911061600　　　中国民用航空局CAAC　　　ZUUU AD2.24-9A

图 1.26　标准仪表进近航图 1（杭州萧山机场 ZSHC，JEPPSEN 航图）

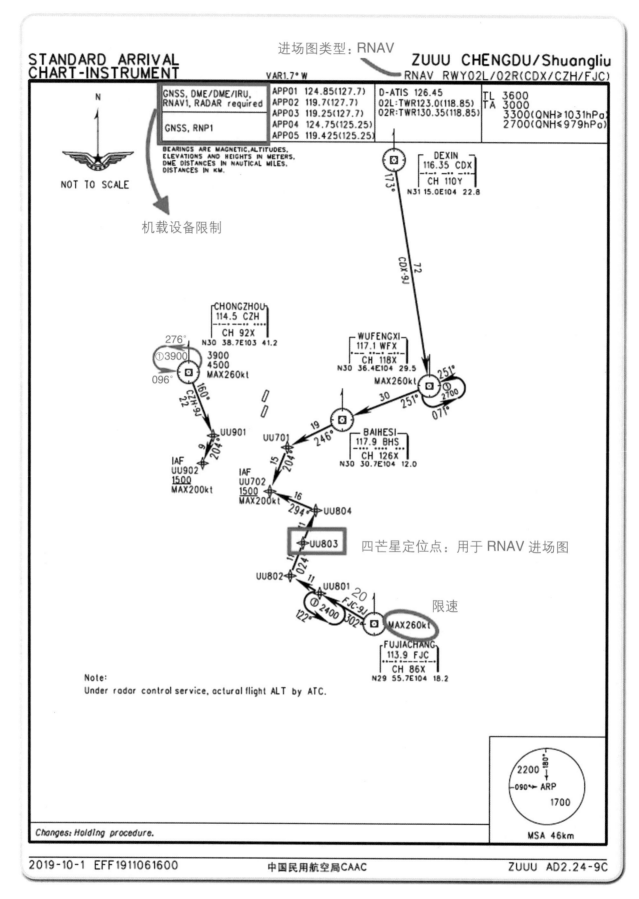

STANDARD ARRIVAL
CHART-INSTRUMENT

进场图类型：RNAV

ZUUU CHENGDU/Shuangliu
RNAV RWY02L/02R(CDX/CZH/FJC)

VAR1.7° W

GNSS, DME/DME/IRU,
RNAV1, RADAR required

GNSS, RNP1

APP01 124.85(127.7)
APP02 119.7(127.7)
APP03 119.25(127.7)
APP04 124.75(125.25)
APP05 119.425(125.25)

D-ATIS 126.45
02L:TWR123.0(118.85)
02R:TWR130.35(118.85)

TL 3600
TA 3000
3300(QNH≥1031hPa)
2700(QNH≤979hPa)

N

NOT TO SCALE

BEARINGS ARE MAGNETIC,ALTITUDES,
ELEVATIONS AND HEIGHTS IN METERS.
DME DISTANCES IN NAUTICAL MILES.
DISTANCES IN KM.

机载设备限制

DEXIN
116.35 CDX
CH 110Y
N31 15.0E104 22.8

173°

CDX-9J   72

CHONGZHOU
114.5 CZH
CH 92X
N30 38.7E103 41.2

276°
①3900
096°

3900
4500
MAX260kt

160°
CZH-9J
22

WUFENGXI
117.1 WFX
CH 118X
N30 36.4E104 29.5

251°
2700

MAX260kt   30   251°   071°

UU901
204°   9

246°   19

UU701

IAF
UU902
1500
MAX200kt

15   204°

BAIHESI
117.9 BHS
CH 126X
N30 30.7E104 12.0

IAF
UU702
1500
MAX200kt

16
294°   UU804

UU803

四芒星定位点：用于 RNAV 进场图

024°

UU802   11   UU801   20
FJC-9J

①2400   302°
122°

MAX260kt   限速

FUJIACHANG
113.9 FJC
CH 86X
N29 55.7E104 18.2

Note:
Under radar control service, actural flight ALT by ATC.

2200
090° → ARP
1700
180°

MSA 46km

Changes: Holding procedure.

2019-10-1 EFF1911061600   中国民用航空局CAAC   ZUUU AD2.24-9C

图 1.27　标准仪表进近航图 2（杭州萧山机场 ZSHC，JEPPSEN 航图）

得到进近管制发出的换频联系塔台的指令后,飞行员应迅速反应、主动联系塔台,报告自己建立航道的跑道号。

1.3.7 着陆

1. 降落阶段

当飞行员与塔台管制员建立联系后,按照管制员给出的指令要求开始进近飞行。当机场条件可以落地时,管制员会发出落地许可,此时飞行员会放出襟翼,在塔台指挥下,飞机进近到跑道的延长线外 15 千米,放下起落架。

2. 落地

当跑道内没有活动障碍时,如跑道上飞机脱离或航道前方没有进近飞机时,管制员会发出继续进近指令,收到此指令时,飞机应该继续沿航道下滑进近,同时观察精密进近航道指示器 (precision approach path indicator, PAPI) 的指示,并注意无线电高度表指示,直到得到降落许可。当飞行员由于某些原因不能继续降落要求复飞时,应该先进行复飞操作,保持航向复飞,并在上升期间尽快联系塔台,并告知复飞原因后,要求提供引导。

3. 脱离跑道

飞机接地后,由塔台移交给地面管制(如果有地面管制),由地面管制通知停机位和滑行路线,复诵后机长操纵飞机按照指定路线滑行,副驾驶启动辅助动力装置 (auxiliary power unit, APU) 使飞机在发动机熄火后仍提供足够的电力和空调供应。

4. 到位停车

飞机停在指定停机位/廊桥口,再次联系塔台或地面告知已到位。机长关闭发动机,示意乘务员可以安排旅客下机。旅客离机后,地面服务人员开始登机进行卫生清洁、餐食补给。机外,特种车辆做好航后保障工作,包括飞机加油、加水、处理污物、搬运行李货物等。

至此一个完整的飞行阶段就结束了。再次飞行时又是新一轮同样的流程（见图 1.28）。

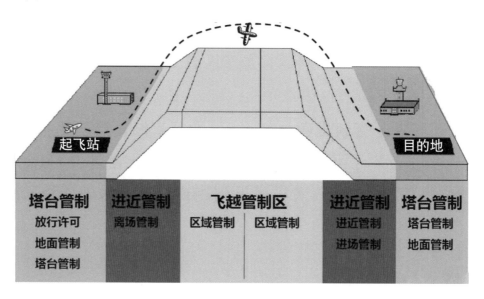

图 1.28　飞行流程图

1.4　航班运行的"前台主演"

图 1.29　3U8633 机长刘传健
（央视网）

2018 年 5 月 14 日 7 时，随着一声巨响，正航行在 9800 米高空的川航 3U8633 航班，驾驶舱右座前风挡玻璃突然毫无征兆地破裂脱落。瞬间，副驾驶半个身子都被吸出窗外，驾驶室门被吹开，乘务员和乘客被吹得东倒西歪，飞机发生剧烈震颤，眼看就要失去控制。在这危急时刻，机长刘传健（见图 1.29）力挽狂澜，带领机组成员用 34 分钟紧急迫降，挽救了机上 119 名乘客的生命。

机组成员可谓是航班运行最主要的前台主演，是最重要的安全保障。那航班运行的前台主演都有谁呢？下面我们一起来揭开他们的真面目吧。

1.4.1 飞行员

在很多人眼中，民航飞行员这个职业极具神秘感，他们是戴着墨镜、翱翔蓝天的"天之骄子"，他们是身负安全使命、坚守安全底线的"蓝天舞者"。飞行员同蓝天为伍，与日月同行，金色的朝霞在他们身边飞舞，他们的脚下是一片锦绣河山。其实飞行员外表光鲜亮丽的背后，是汗水与辛劳的付出。

1．工作任务

民航飞行员的主要工作就是根据航空公司安排的飞行任务，负责驾驶飞机，按时执飞，让飞机安全降落、乘客和货物安全到达目的地。执飞前检查飞机状态、核实油量、检测设备、安全起飞，保证飞行全过程的安全。飞行中，与空管联系，了解航路情况和天气情况，关注仪表上的每个细微变化，时刻关注自动导航系统的运行情况；保证飞机安全着陆，用友好的态度护送每一位乘客。

那么如何成为一名民航飞行员，真实的飞行员又是什么样的？我们一起来揭开民航飞行员的神秘面纱吧！

2．飞行员之路

现在想成为民航飞行员也不是什么难事了，渠道越来越多。对于高中生来说，考取民航院校飞行技术专业是最佳选择。对于在读大学生还可以选择"大毕改"（也称"大改驾"）的方式成为飞行员。对于社会人员，可以到民航局认可的机构/公司考取私人飞行驾驶执照等，实现驾驶私人飞机的梦想。

1）入选标准

通过民航招飞成为一名中国民航飞行员，对学习成绩、政治条件、身体条件等都有较高的要求。

首先，需要具有中华人民共和国国籍，能够参加全国普通高校统一考试（秋季）的高中毕业生均可报考，限英语语种，应往届不限。根据委托培养单位需求,年龄限制为 16～20 岁,未婚,要求具有较好的英语基础,各科成绩均在良好以上,选考科目为物理或化学。

其次,政治思想素质符合全国普通高等学校统一招生报考条件,热爱祖国,热爱人民,拥护党的路线、方针、政策,遵守国家宪法和法律,热爱民航事业,热爱飞行工作;具有高度的责任心、良好的工作态度、服务社会的意识以及团结协作的精神;具有良好的道德修养、品行端正、遵纪守法,无不良行为记录,符合民用航空背景调查要求。

身体自荐标准(参考,应以当年有效的民航局规章为准)如下:

(1)五官端正,身心健康,生理功能正常,无传染病史和精神病家族史,无久治不愈的皮肤病;

(2)身高在 168cm(含)～185cm(含),体质指数 BMI 18.5(含)～24(含),无 O 形腿、X 形腿;

(3)任何一眼裸眼远视力不低于 C 字表 0.1,接受角膜屈光手术者须满足局方规定,无色盲、色弱、斜视;

(4)会讲普通话,口齿清楚,听力正常;

(5)具有敏捷的反应能力和身体协调能力,符合招飞体检鉴定医学标准。

2)学习途径

如果以上条件都符合,你就有机会进入航空院校学习。

现在开设高考民航招飞的院校有中国民用航空飞行学院、北京航空航天大学、南京航空航天大学、中国民航大学、山东航空学院、沈阳航空航天大学、上海工程技术大学、南昌航空大学、黑龙江八一农垦大学、安阳工学院、烟台南山学院等。

3)学习内容

飞行学员的体能训练,用"残酷"来形容再贴切不过了。相比于严苛的选拔,成为飞行学员后体能训练的严苛程度更加超乎想象,中长跑、单双杠、滚轮旋梯(图 1.30)等器械练习都是必不可少的训练项目。滚轮和旋梯的训练可以模拟飞行加速度,锻炼学员的抗眩晕、抗过载能力,提高学员的操纵能力,极富挑战性。

图 1.30 滚轮和旋梯训练

航空专业理论学习对于成为一名合格的飞行员也是非常重要的环节。除了学习高等数学、计算机、外语等基础课程,还要学习飞行原理、空中领航、航空气象、陆空通话等飞行专业课程。

接下来就是实践飞行训练了,飞行学员开始接触真正的飞机,由飞行教员带着学员学习飞机驾驶技术,完成飞行前对飞机的各项检查,学习在飞行区域的航线飞行,对地面障碍物的规避飞行,不同情况下的起飞着陆,紧急情况处理等。

无论是理论课程学习还是实践飞行学习,达不到规定要求的学员,都会被毫不留情地从飞行学员队伍中淘汰。经历严格的层层考核,全部合格以后,学员才能获得飞行驾驶执照,成为一名真正的飞行员。

成为一名飞行员之前,要接受各种严格的考察,要不辞辛苦地学习文化知识,要积累足够的飞行经验,这必定是一段无比艰辛的历程。如果你有飞行梦想,那就努力学习文化知识,积极锻炼身体,并保护好你的眼睛,从现在开始为你的理想努力奋斗吧!

4)成长阶段

民航飞行员可分为机长和副驾驶两个等级,机长又可分为机长、教员、检查员。副驾驶又可分为第一阶段副驾驶、第二阶段副驾驶、第三阶段副驾驶、第四阶段副驾驶。

制服是飞行员亮丽的名片,职业识别率极高。在《中国机长》这部电影中,我们可以看到飞行员的肩章(袖章)是不一样的,有的三道杠,有的四道杠,这里面有什么奥秘吗?(见图1.31)

图1.31 《中国机长》剧照2(电影《中国机长》微博)

第一道杠代表专业。航空是一个相对特殊的领域,体现在不同于其他行业或者运输方式的高专业性。飞行员需要专业的知识技能和专业的行业素质。

第二道杠代表知识。从有形的机型手册到无形的飞行经验,从基础空气动力到对所执飞机型的深入探究,从公司规章制度到民航法律法规等,这些都是应该掌握的知识。

第三道杠代表技术。飞行员成长的过程也是技术不断提高的过程,技术的不断积累才能在复杂多变的环境中保证飞行安全。

第四道杠代表责任。飞行安全是每一名飞行员肩负的责任,能力越大,责任也就越大,这是机长区别于其他机组成员最重要的一点。副驾驶三道杠,机长四道杠,多出的一道杠就是机长要承担的责任。

3. 工具物品

不知道大家有没有发现,每当在机场偶遇到飞行员的时候,他们总会随身携带一个拉杆箱,想必大家一定会非常好奇,这拉杆箱里到底装了些什么,下面就给大家一一介绍(见图1.32)。

图 1.32 现场揭秘机长拉杆箱（央视网）

1）证件执照

飞行员执照（见图 1.33）：通俗来讲就是飞机驾照，该执照长期有效，执照上记录了飞行员每半年一次的飞行资格合格审查认证，并有负责人亲笔签名，一旦出现飞行事故，民航局将追溯到资格审查的负责人。

体检合格证：体质和心理健康当然是每年的必查项目，随着年龄的增长，体检的频率也会相应增加。飞行员须确保身体健康，以此来保证飞行航班的安全。

图 1.33 飞行员执照

登机证：类似于登上飞机的身份证，飞行员只有凭借登机证，才能上飞机，进入隔离区等地方。在航空公司这样严谨的单位上班，光靠刷脸可是不好使的。

2）工具资料

相关证件及工具介绍如下图 1.34 所示。

（1）飞行记录本：用于记录每次执飞航班的基本信息（包括实际飞行任务、飞行时间、执行班次、飞行途中遇到的特殊状况及解决办法等），相当于飞行员的档案，有过何种飞行经历在飞行记录本中都能够一目了然。

图 1.34　证件及工具

（2）电子飞行包（EFB）^①：它看起来和 iPad 一样，但是功能却比 iPad 强大多了，在飞行中如果出现了问题，可以通过它迅速找到解决方案，简直就是飞行员的随身"飞行宝典"。

（3）航图文件：机长飞行前需要领取航线图文件，里面含有出发地到目的地之间途经每一个机场的情况，包括位置、起落说明等信息，甚至还含有出发地及目的地机场的天气报告图、机场示意图等，可以说非常重要。

（4）反光背心和手电筒：飞机起飞前，机长需对飞机进行绕机检查，上停机坪需要穿上反光背心，处于工作状态的手电筒则是在对飞机进行检查或其他事务时所必需的设备。

（5）通信耳机：飞行员通过它来进行陆空通话，一般需要自带，因为耳麦会接触个人皮肤，所以个人自带比较卫生。

（6）墨镜：飞行员普遍需要戴墨镜，并不是为了耍酷，而是因为墨镜可以防止强烈的紫外线损伤眼睛。另外，飞行员的墨镜不能选择偏光镜，因为有可能过滤掉飞机仪表显示屏上的内容信息，影响飞行员的判断和决策。

（7）疫苗接种或预防措施国籍证书：相当于国际通用的体检合格证，

---

① 支持飞行员执行飞机驾驶任务的电子信息管理设备。电子飞行包包含支持一定功能的软硬件资源和用于驾驶舱或客舱的电子显示系统，替代一些传统上完成飞行任务需要依赖的纸质材料，帮助飞行员更容易、更有效地执行飞行任务，以至实现"无纸化驾驶舱"。

里面记录着飞行员的身体状况及疫苗接种情况,在飞经一些特定的国家时,须按照所在国的要求接种某类型联合疫苗后才能执飞。

⑧　护照、通行证:飞国际航班的机组人员都需要带上护照、通行证等证件,以便在国外处理事务。

⑨　私人物品:飞行员的拉杆箱里面还有可能会带一些个人必备的生活用品,如水杯、护肤品等。

为了方便检查,飞行员一般都会选择固定的位置来摆放东西,以便一目了然,能够快速地发现有无遗漏。对于飞行员来说行李箱是他们必备的搭档,它装载的不仅是日常所需的工具,更是对飞行员飞行在万米高空的重要保障。

1.4.2　空中乘务员

大家都知道空姐、空少是在飞机上工作的服务人员,但对于他们专业的职位称呼空中乘务员却迷惑了,不知道空中乘务员是什么。下面我们一起来走进空中乘务员的日常。

1. 工作任务

空中乘务员(见图 1.35)主要负责帮助乘客安全、舒适地度过整个航程。乘务员通常被安排在某一城市基地工作。基地即该航线航班起飞或到达的城市之一。

图 1.35　空中乘务员(山东航空学院乘务学院)

空中乘务员必须在飞行前到达机场,接受机长或其他管理人员关于天气状况以及有特殊需要的乘客情况的简短通报。负责提前整理机舱、迎接乘客登机、给乘客指引、检查机票等。他们还要帮助乘客放置行李、随身物品等。空中乘务员很重要的一项职责就是告诉乘客应急设备放置的地点,并告诉他们如何使用这些设备。当出现紧急情况时,乘务员要通知乘客。在飞机起飞前,乘务员要确保所有座位都在正常位置,所有乘客都已系好安全带。

飞机起飞后,乘务员要给乘客发枕头、毯子等用品,尽量让乘客感觉舒适。他们还要负责回答乘客的各种问题,分发报纸、杂志,提供饮食、收拾饭盒等。

2．成长路径

空乘的职业生涯可分为四个阶段：普通舱乘务员、两舱乘务员、区域乘务长和主任乘务长。一般学员在完成学业后,就成为普通舱乘务员；随着飞行小时数的增加,个人资历的提升,通过考核就有机会成为两舱乘务员；头等舱乘务员考核期满后,可担当区域乘务长；成绩优秀的区域乘务长经过考评合格,就能成为主任乘务长,可以独立带班在国际航班或首长专机上执行任务。

3．空乘之路

1）基本要求

诚实,正派,品德高尚,热爱民航服务工作,具有良好的职业道德修养,有较强的安全保密意识和高度的工作责任心,无不良嗜好；做事认真严谨,思维敏捷,遇事灵活应变,有较好的团队意识和服务意识。

2）年龄要求

18～25周岁,未婚未育,性别不限。

3）身体要求

以下标准供参考,应以当年有效的民航局规章为准。

（1）年龄16～20周岁,普通高中毕业生,参加夏季高考,高考外语语种为英语。

（2）身高：女生165～173厘米,男生174～183厘米。

（3）体重：[身高 (厘米) － 110(厘米)] (千克) (1±10%)。

（4）视力要求。

① 女生：单眼矫正视力（佩戴眼镜）不低于 C 字视力表 0.5；无斜视、色盲、色弱。

② 男生：单眼矫正视力（佩戴眼镜）不低于 C 字视力表 0.7；无斜视、色盲、色弱。

（5）五官端正，肤色好，指趾健全，身体裸露部位无疤痕等；牙齿色质好、排列整齐，无明显异色和排列不整齐；无狐臭。

（6）面部表情自然，微笑甜美；善于表达，富有朝气；口齿清楚；中英文发音准确，听力正常；性格开朗、大方、心理素质好，富有合作精神。

（7）形体匀称，步态自如，动作协调，无 X 形腿、O 形腿。

（8）无精神病史，澳抗阴性，肝功能正常，无头癣、湿疹、牛皮癣、慢性荨麻疹等，无骨与关节疾病或畸形，无肾炎、血尿、蛋白尿，无各类慢性或传染性疾病，无晕车、晕船史等。

（9）体检与背景调查符合中国民用航空局颁布的《民用航空人员体检合格证管理规则》规定及《民用航空背景调查规定》要求。

4）语言要求

普通话标准，不低于国家标准的二级水平，要求声韵母发音清楚，方言语调不明显；本科毕业生须取得英语四级证书且口语流利；专科毕业生须通过英语应用能力 A 级考试（相当于大学英语三级水平）或取得大学英语三级以上水平的英语证书，口语流利；小语种类毕业生还需满足局方规定的具体要求。

1.4.3　空中安全员

坐飞机时，如果遇到了危险，你们会找谁？除了熟悉的机长和乘务员，其实，飞机上还有位神秘的安全员，关于他们坐在哪个位置，仿佛一直是个谜。虽然他们在保障客舱安全方面起着至关重要的作用，但却一直是个低调神秘的存在。现在我们一起来揭秘这份神秘而特殊的职业。

1．工作任务

在旅客登机前和登机后对客舱进行检查，防止无关的人员、不明的物品留在客舱内，制止与执行航班任务无关的人员进入驾驶舱，对受到威胁的航空器进行搜查，妥善处置发现的爆炸物、燃烧物和其他可疑物品，协助警卫部门做好警卫对象和重要旅客乘坐民航班机、专机的安全保卫工作（见图1.36）。

图 1.36　安全员安全检查（《航空知识》）

航空安全员分为专职安全员和兼职安全员，专职安全员负责机上的安全保障工作，应对处置各种突发情况，比如乘客间纠纷或乘客的无理取闹。兼职安全员就是除了这部分工作，还要承担乘务员服务乘客的部分工作。

2．空保之路

年满18周岁的中国公民；身体健康；男性身高170～185厘米，女性身高160～175厘米（身体条件还需符合民航局空勤人员体检合格证Ⅳb级规定条件）；具有高中毕业以上文化程度；具有良好的政治、业务素质和品行；自愿从事航空安全员工作；完成相应的训练并通过考试考核；民航行业信用信息记录中没有严重失信行为记录。

1.5　航班运行的"幕后英雄"

在电影《中国机长》所述的四川航空 3U8633 事件中，3U8633 航班并不是"孤军奋战"。面对机组报告的遇险特情，地面的民航西南空管局第一时间为四川航空 3U8633 机组提供了迅速有效的配合，通过密切监控、科学决策、多方协调，用最短时间、最优方案，成功保障了 3U8633 航班安全备降成都，可谓"英雄背后的英雄"。

航班的安全运行不光靠飞行员的安全驾驶，还需要航空机务、签派、空管和其他地面服务人员的共同保障。下面介绍一下这些幕后英雄。

1.5.1　机务工程师

机务工程师（简称机务）指从事航空器维护修理工作的相关人员。从事此类工作需要获得由民航局颁发的民用航空器维修人员执照，简称 CCAR66 部执照（见图 1.37 和图 1.38）。

图 1.37　机务指挥飞机（大象网）　　　图 1.38　机务维修人员检修飞机

1. 工作任务

机务的主要任务是保证和迅速恢复航空器的完好状态，使航空器处于规

定的适航状态[①]。

在航空公司里机务基本有两种分工：航线维修和定检维修。航线维修包括飞机每天航前、过站、航后的例行检查，以及每晚飞机落地之后的故障排除。定检维修就是飞机定期的较大规模深度检查，分为 A、C、D 等类别，深度不同，所需时间也不同。

2．岗位分工

民航机务维修工作按工作范围一般可以分为内勤人员和外勤人员。

内勤人员在航空公司维护工场工作，负责飞机三、四级维护工作，亦即对飞机结构及系统做一次较重大之预防性检查及必要修护，其中包括非破坏性检验、试验量测或校准、航空器翻修、航空器上每一部分均须测试及检查、系统组（零）件之翻修与更新等。

外勤人员的主要工作是在飞行前后进行妥善的检查，包括起飞、落地、过境的检查以及加油、故障排除等。

1.5.2　飞行签派员

飞行签派员是负责航空公司现场运行计划、组织、指挥、协调、监控的初级管理人员。此外，他们还负有应急指挥、协助交通、战备管理等职责，国际上称他们为运行员或运行控制员（见图 1.39）。

图 1.39　签派员工作（国航运控公众号）

---

① 民用航空器包括其部件及子系统整体性能和操纵特性在预期使用条件和运行环境下，应始终处于保持符合其型号设计和始终处于安全运行的状态，是飞行条件的重要内容之一。

1．工作任务

签派员的工作内容分为以下三部分。

（1）签派放行：一个航班的起飞，需要机长和签派员共同放行，签派员对飞机状况、航路和目的地天气情况、沿途导航设施、旅客情况等各种信息进行综合分析，得出放行或者不放行的结论。

（2）跟踪监控：飞机一旦被派发执行航班，那么航空公司就必须实时地了解航班执行飞行任务的状态。飞行签派员通过高频、甚高频、卫星电话以及飞机通信寻址与报告系统（aircraft communications addressing and reporting system，ACARS）等设备与机组保持联系。

（3）运行控制：实现飞行签派员与机组的联络，签派员就能对飞机运行进行控制，这方面主要是控制协调航班执飞飞机的航线、时间、地点，比如在遇到天气、管制区流量控制或军方空域管制等原因需要调整航向（绕飞），航行时间、返航／备降以及航班延误造成的停飞或临时航向申请等时，机组需要经过签派员的分析研究，得到下发的指令才能执行。

2．岗位分工

签派员主要可分为助理签派员、签派员、主任签派员，从一个助理签派员成长为一个成熟签派员的周期一般是四至五年。

（1）助理签派员：协助签派员组织航空器的飞行和运行管理工作。

（2）签派员：负责组织航空器的飞行和运行管理工作，除了监督、审核助理签派员的各项工作外，其还需要研究起飞、降落、备降机场以及航线天气和保障设备的情况，正确做出放行航空器的决定，签发飞行放行单或电报，以及飞行任务书；了解并掌握本签派区内天气演变情况、飞行保障设备情况以及航空器飞行情况；在机长遇到特殊情况，不能执行原定飞行计划时，协助机长正确处置；航空器遇到特殊情况，不能按预定时间或预定计划飞行时，应采取一切措施，在保证安全的前提下，恢复正常飞行。

（3）主任签派员：除承担助理签派员和签派员的职责外，还负有组织、领导签派室当日值班工作的责任。

1.5.3 空中交通管制员

空中交通管制员是指管制员执照持有人（简称持照人）具有符合要求的知识、技能和经历、资格，并从事特定空中交通管制工作的人员。

1. 工作任务

空中交通服务包括空中交通管制服务、飞行情报服务和告警服务三大类。

空中交通管制服务的目的是防止航空器与航空器相撞及在机动区内航空器与障碍物相撞，维护和加快空中交通的有序流动。

飞行情报服务的目的是向飞行中的航空器提供有助于安全和有效地实施飞行的建议和情报。

告警服务的目的是向有关组织发出需要搜寻援救航空器的通知，并根据需要协助该组织或者协调该项工作的进行。

空中交通管制服务又以机场管制服务、进近管制服务和区域管制服务三种为主。

机场管制服务是向在机场机动区内运行的航空器以及在机场附近飞行且接受进近和区域管制以外的航空器提供的空中交通管制服务。

进近管制服务是向进场或者离场飞行阶段接受管制的航空器提供的空中交通管制服务。

区域管制服务是向接受机场和进近管制服务以外的航空器提供的空中交通管制服务（见图1.40）。

图1.40 区域管制中心大厅（国航运控公众号）

2．岗位分工

空中交通管制员一般分为塔台管制员、进近管制员和区域管制员。

塔台管制员：主要负责对飞机起飞、爬升、下降和着陆进行管制。塔台管制员要合理调配和控制航空器之间的间隔，准确发布起飞、上升、下降、着陆等管制指令，并按规定和协议实施管制协调和移交等（见图 1.41）。

图 1.41 塔台管制（民航华北空管局 陈梵驿）

进近管制员：主要负责航路空域和机场空域之间的飞行转换管制。离场管制负责对起飞离场加入航路的航空器提供空中交通管制服务。进近管制负责对进场着陆的航空器提供空中交通管制服务，在飞机准备从航路上下降时，管制员把飞机引导到仪表着陆系统的作用范围内，并移交给塔台管制员（见图 1.42）。

图 1.42 进近管制

区域管制员：主要负责向本管制区内受管制的航空器提供空中交通管制服务,其负责管理的空域面积大,需要对空军计划、航班动态、资源管理、航行情报、气象情报、卫星云图、通航计划等信息进行管理。机场自动终端情报服务正常情况下每小时更新一次,天气变化迅速时也可随时更新,其可以减少驾驶员与管制员之间的信息交流量,达到减轻管制员的工作负荷及避免频道拥挤的目的。

可以说,只要天上有飞机飞行,地面同时就有空中交通管制员进行相应指挥。在全国范围内,共有约 7000 名"空中交警"昼夜交替,不间断地进行管制工作,每时每刻确保航班的安全。为了使空中交通能够更加安全有序,空中交通管制非常关键,可以说直接关系到机场的顺利投产和安全、顺畅、高效运行（见图 1.43）。

图 1.43　区域管制场景（北京大兴国际机场　万春莲）

1.5.4　其他人员

航班运行的幕后人员其实还有很多,比如候机楼地服、机坪地服、安检、清洁等相关岗位人员。

他们的主要职责：负责旅客的安全检查工作;负责航空器材的安全和隔离区周界的巡视;负责解决旅客遇到的问题;负责机场货库区监护、飞机监护、行李分拣监护、周界巡逻;负责机票的售卖工作。

虽然他们不能像飞行员一样驰骋蓝天,像管制员一样在塔台指挥飞机,像机务一样在现场检查、维修、放行飞机,但他们同样为保障我们的飞行安全和航班运行默默贡献着自己的一份力量。

1.6 航班运行安全有保证

近年来发生的几起飞行事故让不少人有些"谈机色变"。空难的发生,往往是致命的,单次事故生存率很低,同时,由于媒体和公众对于飞行事故的关注度远远高于其他运输方式的事故,因此一起飞行事故的发生,会给人们带来不小的恐慌,也就导致很多人认为乘坐飞机十分危险。然而你知道吗,飞机仍然是世界上最安全的交通工具。关于飞机安全的原因我们可以从以下 6 个方面来了解。

1.6.1 事故死亡率低

研究数据表明,航空飞行每百千米的事故率约为 0.002%,也就是说,如果我们每天乘坐飞机飞行 100 千米,那么需要大约 20000 年的时间才会遭遇一次事故。飞机事故每百千米约 0.002% 的事故概率说明飞机这种交通工具是最安全的,它甚至比走路和骑自行车都要安全,更不用说汽车、火车等其他交通工具了(见图 1.44)。

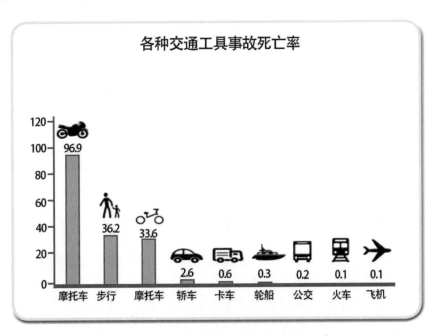

图 1.44 各种交通工具事故死亡率

我们用一种更直观的比较来看一下空难的概率有多大：被热水烫死的概率是空难的 2.2 倍；食物中毒死亡的概率是空难的 3.66 倍；车祸死亡的概率是空难的 1380 倍；死于癌症的概率是空难的 220 万倍。由此可见，普通人遇到空难的概率相当低。

我们之所以认为飞机不安全，只是因为飞行事故发生的惨烈程度和造成的影响力远大于其他交通事故，所以让人觉得飞机不安全。

1.6.2　飞行验证严格

现阶段大量投入使用的飞机，都积累了上百万小时的飞行时间，在这些飞行时间中，飞机的许多微小问题基本都得到了解决。

也就是说，这些型号的飞机已趋于成熟，能够发现的问题基本都已被发现并解决了，所以飞机本身的安全隐患也是微乎其微的。

1.6.3　维修保障可靠

飞机会进行定期检修，飞机装备使用到一定的时限或次数以后，会实施周期性检查和维修。如停放 4 个月定期检查、飞行 50 小时定期检查和飞行 2000 小时大修发动机等。

飞机定检的目的是深入检查装备的技术状况，发现机件的性能变化和机件内部的早期磨耗和损伤，彻底排除所发现的故障和恢复技术装备的性能。

1.6.4　法律法规完善

关于飞机飞行，国家有一整套的法律法规进行各项保障，在民航、通航、飞机维修等方方面面都有相应的法律规定，其中又分为民用航空基本法、适航法规、民用机场法规、民用航空器维修法规、飞行法规、通用航空法规等十几个大类。在每个大类中都有详细的法律法规对民航运输的经营生产活动进行规范。

1.6.5 科技支撑有力

早期的飞机大多是木制的,而在航空器日益发展的今天,太空飞船的研发与运行都已经步入正轨,对飞机的研究已经相当成熟。

而且构成飞机的成千上万个细小零件,每个零件都经过严密的测试,以保障整架飞机的安全。其中也包括零件的更新换代,每个零件有可能产生的危险基本都被测试出来并进行完善,所以飞机本身的安全性是很高的。

1.6.6 飞培体系成熟

飞机从诞生到今天已经过了一百多年的时间,飞行员也从一开始的飞机制造者发展成为经过非常严密、专业训练的飞行员。

而民航飞行员更是经过更加严格的体检、培训、考核后才可以在民航飞机上作副机长,能够坐上机长位置的飞行员更是要积累几百小时的飞行时间。

总而言之,不管是从统计数据来看,还是从飞机的研发制造和后期维护来看,飞机依旧是世界上最安全的交通工具。

本 章 小 结

本章通过电影《中国机长》,讲述了民用航空概况、航班运行流程、飞机维护制度、安全规章及飞行员、维修、空中管制等民航从业人员如何工作的一系列生动有趣的内容。川航 3U8633 航班特情处置的经过,无论是机组成员的专业操作,还是地勤人员的完美配合,都体现出了中国民航的专业严谨。事实上,也正是中国民航的专业与认真,以及各方面严格的要求,才保证了中国民航的安全系数领先世界。中国民航的实力究竟有多强? 相信了解过川航 3U8633 航班的英雄事迹后,你绝对会竖起大拇指。

思 考 题

(1) 查一查,当前比较重要的国际航空公约有哪些?

（2）民航飞机的一生包含哪几个阶段？有哪些是其特有的阶段或环节？

（3）你认为在航班运行的全流程中哪个是最令飞行人员紧张的？为什么？

（4）如果你想成为一名民航飞行员，甚至是刘传健那样的"英雄机长"，那么从现在开始你需要做哪些事情？需要达到哪些条件？

（5）你认为与其他交通方式相比，乘坐飞机安全吗？为什么？

第2章

从《空天猎》看军用航空

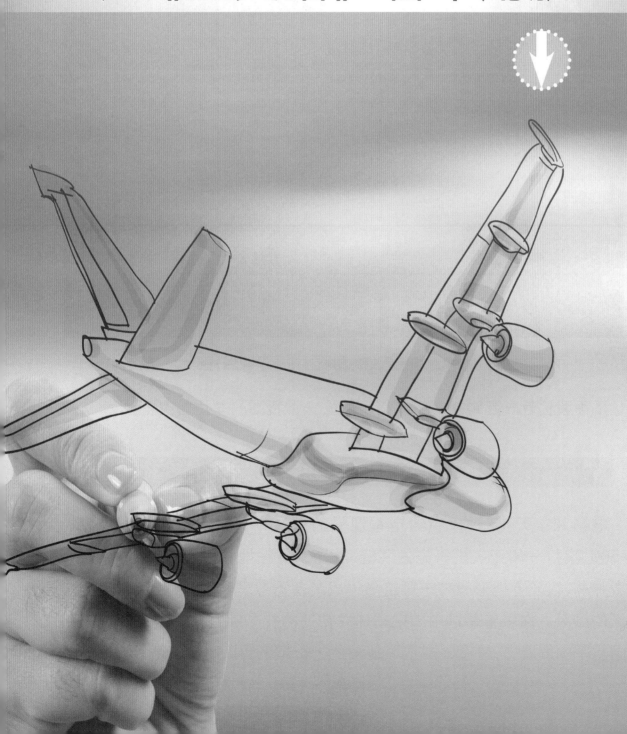

电影《空天猎》以空天一体、攻防兼备为理念，讲述一群空军精英维护国家利益、捍卫地区和平，紧急出境联合反恐救援作战的故事。空军为此派出多位军事、装备、训练等领域的专家，为影片剧本创作、实地拍摄等提供专业指导，而且影片还是中国空军史上最全阵容机型首次在大银幕上的亮相，影片中驱逐外机、空降作战、突防突击、夜间空战等作战过程精彩纷呈，歼-11、歼-10C、运-20、空警-500等先进装备悉数登场，让人在观影之后大呼过瘾（图2.1）。

图2.1 《空天猎》剧照（中国军视网）

下面我们就一起跟随《空天猎》探秘一下我国的军用航空吧。

2.1 中国空军的崛起之路

电影《空天猎》中，中国空军现役的歼-11、歼-10C、歼-20、运-20、空警-500、察打一体无人机等先进飞机，激光制导钻地炸弹、反辐射导弹等新型机载弹药，以及全地形战斗车等空降作战装备悉数登场，尽展我大国空军决胜空天梦雄风。你可曾想过中国空军建立初期的样子呢？下面我们一起来回顾中国空军的发展史，看看中国空军是怎么成长起来的。

2.1.1　中国空军浴火涅槃

1．白手起家

1946 年 3 月，中国人民解放军在吉林通化成立了第一所航空学校——东北民主联军航空学校（见图 2.2）。

图 2.2　东北民主联军航空学校（央广网）

早期培养的人员是由一批航空骨干、选调的陆军官兵以及日军起义人员组成，在这里开始了中国空军艰难的创业。他们收集了 100 多架破旧飞机，又拆东补西修复了 40 多架。缺少汽油，就用酒精代替；没有保险带，就用麻绳代替；缺少机轮、螺旋桨，就几架飞机合着用；没用充气设备，就用自行车气筒给飞机轮胎充气；战士们甚至用马拉着飞机走向跑道。就这样，航校在 3 年多的时间里培育出了 560 名航空人才，为人民空军的建立准备了骨干力量。

1949 年 11 月 11 日，中央军委下发指令，在第四野战军十四兵团机关的基础上，合并军委航空局，正式成立中国人民解放军空军司令部，刘亚楼任司令员。

1950 年 4 月 11 日，刘亚楼向中央军委递交了建议组建第一支航空兵部队的报告，同年 5 月 9 日，中央军委批复同意并命名为"中国人民解放军空军第 4 混成旅"。

1950 年 6 月 19 日，中国空军第一支航空部队——空军第 4 混成旅在南京成立。飞行人员大部分是东北老航校毕业的飞行员，还有少量国民党军队起义飞行人员。教官有日本教官和苏联教官，飞机有英制、美制、日制，机种有歼击机、轰炸机、运输机、教练机（见图 2.3）。

图 2.3　空军第 4 混成旅在南京成立（新浪网）

　　1950 年 6 月，朝鲜战争爆发，战火很快燃烧到鸭绿江边，刚刚诞生的中国空军航空兵被逼上了这场历史性的空战舞台。

　　朝鲜战争初期，美国拥有 15 个空军联队，作战飞机 1100 余架；飞行员大部分参加过第二次世界大战，飞行时间多在 1000 小时以上，不少人还是王牌飞行员。而中国空军仅有新建的 2 个歼击航空兵师（空 3 师、空 4 师）和空军第 4 混成旅第 17 轰炸团、第 13 强击团，作战飞机只有 114 架；中国飞行员普遍只有不到 100 小时的飞行纪录，在喷气式飞机上的飞行时间更短，只有十几个小时，更无空中作战经验，甚至很多人没有进行过空战训练。美国远东军总司令麦克阿瑟宣称："中国根本没有空军。"尽管敌我对比在数字上相差悬殊，中国人民志愿军空军还是投入了抗美援朝作战，并很快就取得了首次空战的胜利（见图 2.4）。

图 2.4　志愿军空军参加抗美援朝（央广军事）

1951 年 1 月 21 日,空 4 师 10 团 28 大队大队长击伤美机 1 架,奏响长空第一战凯歌。1951 年 1 月 29 日,李汉在空战中击落、击伤敌 F-84 各 1 架,首创人民空军空战史上击落敌机的战例。1951 年 9 月 25 日,空 4 师刘涌新击落敌机 1 架,首创中国空军击落美国最先进的 F-86 的战绩(见图 2.5 和图 2.6)。

图 2.5 米格-15 和 F-86 歼击机(KLSV 摄)

图 2.6 La-11 歼击机(hawk 26 讲武堂微博)

1951 年 11 月 6 日,空 8 师对鸭绿江外的大和岛实施轰炸,这是中国空军航空兵轰炸机第一次出现在朝鲜战场的上空,轰炸命中率达 90%。美联社惊呼:"大和岛遭到欧洲空军的精确轰炸。"(暗示是苏联空军所为)现在美国空

军大学使用的教材仍承认中国空军对大和岛的轰炸是成功的。

1952年2月10日，飞行时间才100多小时的空4师飞行员张积慧，一举击落飞行时间3000多小时、在第二次世界大战中参战266次的美国王牌飞行员戴维斯。消息传开，美国朝野震动，美远东空军司令威兰中将不得不承认："这是一个悲惨的失败，是对远东空军的一个沉重打击。"

中华人民共和国成立初期，空军航空兵还积极参加了支援陆、海军解放沿海岛屿作战和国土防空作战。1952年9月20日，空2师飞行员何中道、李永年在上海长江口上空击落美空军B-29轰炸机1架，首创中国空军航空兵国土防空作战史上击落敌机的战例。

2．艰苦创业

1953年12月7日—1954年1月26日召开的全国军事系统党的高级干部会议决定，空军全面加强建设。

1954年，中国空军已发展到28个航空兵师，5个航空独立团，12所航校。兵力20万，各型飞机3000架，总体实力列美、苏之后居世界第三位。

中国飞行员不仅可以一再击落美国的双料王牌飞行员费席尔，还可以进行200架以上的大机群空战。而且，在学习苏军的基础上总结出自己的经验，如"积蓄力量，选择时机，集中使用"的方针，"一层多域四四制"的战术等。

1955年以后，中国空军的发展进入了快车道，空军航空兵首次完成与陆、海军联合作战，一举解放一江山岛，并按照中央军委统一部署，中国人民解放军空军与防空军合并为空军，实行空防合一体制，并进行精简整编。1958年7月，空军航空兵歼击机部队入闽作战，从国民党空军手中夺得台湾海峡的制空权（见图2.7）。

20世纪50年代中期及以后，中国空军航空兵陆续装备了歼-5亚音速喷气式歼击机、歼-6超音速喷气式歼击机、歼-7歼击机、强-5强击机、轰-5和轰-6轰炸机等（见图2.8）。

图 2.7　七二九空战大捷后,地勤人员为归来的海空英雄们举行欢迎仪式（中国共产党新闻网）

图 2.8　歼-5 和歼-6 歼击机

3．涅槃重生

1976 年,空军进行全面整顿和改革。20 世纪 80 年代,空军航空兵先后装备了国产歼-8 和歼-8 II 高空高速歼击机。

20 世纪 90 年代以来,中国空军航空兵先后装备了从俄罗斯引进的具有世界先进水平的苏-27 歼击机和苏-30 多用途歼击机,中国自行研制成功的轰-6U 空中加油机和空中受油型歼-8D 战斗机也加入了空军航空兵序列（见图 2.9）。

近年来,中国空军航空兵瞄准未来高技术战争,改革训练模式,普及了模拟训练,建成了现代

图 2.9　1991 年 12 月 23 日,歼-8 II 受油机和轰-6 加油机在空中实现加油（崔文斌 摄）

化的综合训练基地,成立了蓝军分队,实现了以技术训练为主向战术训练为主的转变。各部队积极挖掘人和战机潜能,探索以手中装备克敌制胜的新战法,经常组织复杂气象飞行、远海截击、夜间编队、低空、超低空、大速度地靶、实弹轰炸和导弹攻击、电子对抗条件下的超视距空战和恶劣气象条件起降等高难度课目训练。

进入21世纪,随着中国国力不断增强,国家利益加速向全球拓展,对我军,尤其是海空军提出了保卫海外利益、开展国际安全合作的紧迫需求。

空军积极响应党的号召,依托上千千米作战半径的第三代主战飞机和数千千米作战半径的远程轰炸机、大型运输机,大步飞出大陆,飞出国门,在全球多地的蓝天留下一条条航迹:组织东海防空识别区管控,实施南海战备巡逻,赴利比亚进行空中撤侨,赴南印度洋搜寻马航失联客机①,赴阿富汗、巴基斯坦、泰国、马尔代夫等国运送人道主义救援物资,飞越第一岛链常态实施远海训练。

《空天猎》正面展现的是空战场面,但其中包含了多个"天"的元素:航天侦察、卫星通信、卫星导航……那一组组光怪陆离的光电信号和虚拟流动的网状信息流,把空和天无缝隙地连接在一起。非实体的信息流,首次展现出虚拟物独有的奇幻质感,它们标示出空军新的能力和责任高度(见图2.10)。

图2.10 飞行表演

---

① 2014年3月8日凌晨1时19分,载有来自14个国家或地区的227名乘客(其中中国大陆153人,台湾省1人)和12名机组成员的马来西亚MH370航班在航程中与马来西亚空管失去联系。

空军以"高"立身。当下还在"长高",在比"空"更广袤的"天",追逐未来战争的新制高点。

受航空器运行机理的限制,空军原来只是在 2 万米上下的稠密大气层内活动。20 世纪 50 年代,美、苏相继发射航天器进入离地 10 万米的大气层以外,将太空开辟为新的人类活动场。自此,太空就成了空军拓展的方向。

美国空军率先将航天力量纳入门下,建立起空天一体的预警系统、侦察系统、防御系统,在一系列局部战争和武装冲突中大量运用航天信息支援,极大提高了作战效率。俄罗斯在经历了几十年空军与航天力量分开建设之后,也在近年将二者合并,组建了世界上第二支空天军。

中国空军其实早在 20 世纪六七十年代,就进行了反导和战略预警的探索。进入 21 世纪以后,面对空天一体的时代大势,制定了"空天一体、攻防兼备"的空军战略,迈出了开拓天空的步伐。空军相继发展了防空反导武器、战略预警系统,加快构建"高边疆"防御盾牌。空军还为主战飞机配置了天基信息应用系统,实现了天基信息进座舱,使战机飞得更远、飞得更准、打得更精。

《空天猎》首次让观众在银幕上见证了中国空军的"长高",更蕴含着一份更高的期待(见图 2.11)。

图 2.11 《空天猎》剧照 2(电影《空天猎》微博)

宝剑锋从磨砺出。新一代中国空军用辉煌的成绩告诉世界:在未来战争中,中国空军必将是一支攻防兼备、无坚不摧的"长空利剑"。

2.1.2 中国军机驰骋天空

"歼"系列歼击机,一直是中国空军的主力歼击机,为捍卫主权和领土完整,保卫祖国的领空立下了汗马功劳。自中华人民共和国成立以来,从引进、仿制到自主研制和生产,已经有几十种"歼"系列歼击机加入中国空军队列服役。其中不少歼击机如今战斗在国防一线,也有一些已经功成身退,顺利完成了自己的历史使命。

1. 艰难起步

中国空军早期由于在歼击机领域相当薄弱,在朝鲜战场上,面对美国空军的威胁,中国开始了仿制生产喷气式歼击机的工作。

1956年7月19日,新中国制造的第一架喷气式歼击机歼-5首飞成功,标志着中国成为当时世界上少数几个能够掌握生产喷气式歼击机的国家之一。歼-5是沈阳飞机厂制造的高亚音速喷气式歼击机,自1956年9月投入生产,到1959年5月停产,共生产767架。从此,我国可以用自己生产的歼击机守卫共和国的蓝天(见图2.12)。

图2.12　中国制造的第一架喷气式歼击机歼-5(中国军网)

20世纪50年代开始,中国在苏联米格-19歼击机的基础上,研制出了歼-6歼击机。歼-6是中国自主生产的第一代超音速歼击机。从1964年首架交付使用,到1986年停产,歼-6歼击机共生产了5000余架。在中国空军和海军航空兵的装备序列当中,歼-6歼击机曾经是装备数量最多、服役时间最长、实战中击落敌机最多的国产喷气式超声速歼击机。2010 年 6 月 12 日歼-6 歼击机正式退出中国空军装备序列（见图 2.13）。

图 2.13　歼-6 歼击机（崔文斌 摄）

1966 年 1 月 17 日，在米格-21（见图 2.14）的基础上研制的国产歼-7 型飞机首次试飞成功，并于 12 月 28 日定型投入批量生产。歼-7 是中国研发的第一种两倍音速喷气式歼击机，大量装备中国空军和海军航空兵，主要用于国土防空和夺取战场前线制空权，也可以执行对地攻击任务，属于典型的第三代歼击机。

图 2.14　米格-21 歼击机（刘军 摄）

基于歼-7 基本型，歼-7 衍生了众多的改型。依靠本身所具有的飞行性能好、轻小灵活、低成本、高效率和使用维护简单等技术特点，歼-7 在中国海、空军歼击机装备系统中一直占据着相当重要的位置（见图 2.15、图 2.16）。

图 2.15　国产歼-7 歼击机 1　　　　图 2.16　国产歼-7 歼击机 2（崔文斌　摄）

歼-8 飞机是我国自行研制的第一型高空高速歼击机，1979 年 12 月通过设计定型审查。自 20 世纪 80 年代服役以来，经过不断改进改型形成了歼-8 系列，包括歼-8A、歼-8B，歼-8E、歼-8ACT、歼-8C、歼-8D、歼-8H、歼-8ⅡM、歼-8ⅡACT、歼-8F、歼侦-8F、歼-8G、歼-8T 等。歼-8B 及其改型飞机，是我国空军和海军航空兵 20 世纪 80 年代至 21 世纪初主力歼击机之一。在其基础上改进的歼-8D 飞机是我国自行研制的第一型受油机，自行研制的歼-8H、歼 8F 飞机使我军具备了下视、下射、超视距及多目标作战能力（见图 2.17）。

图 2.17　歼-8 歼击机（崔文斌　摄）

2．自主创新

20 世纪 70 年代后，美苏两国在歼击机领域全面开发，打造出第三代歼击机，中国空军全面落后于美苏两国，歼-8 歼击机在性能上也无法跟同时期美苏两国第三代歼击机相抗衡。

为此，中国空军采取歼-7 和歼-8 歼击机取代老旧歼-6，在歼-7 和歼-8 歼击机基础上研制新型歼击机，这款新型歼击机以苏联米格-29 和苏-27、美国 F-16 和 F-15 歼击机为主要作战目标，批准研制歼-10 歼击机，代号为"十号工程"。

1988 年，正式开始了对第四代歼-10 歼击机的自行设计研制工作。歼-10 原型机 1994 年开始建造，1998 年 3 月 23 日首飞。2003 年歼-10 生产型正式交付中国空军。随后，歼-10 的改进型研制工作开始，2004 年 5 月，中国航空工业集团的成都飞机公司开始发展歼-10 歼击机改型。2014 年 11 月，歼-10B 歼击机进入量产阶段，部分完成试飞的歼-10B 歼击机也已经刷涂中国空军涂装准备服役。

歼-10 歼击机在研制上着重高起点出发，采用国际航空领域先进气动布局，锁定在"鸭式"气动布局，采用数字式综合航空电子系统。侧重全天候拦截和全空域作战，高空高速性能，更强调近距格斗和夺取制空权。

歼-10 系列歼击机的研制成功表明我国已经具备了自行研制第四代作战飞机的能力，具有里程碑的意义。通过对歼-10 飞机的研制，不但为人民空军提供了先进的武器装备，也为空军装备以后的发展打下了坚实的基础（见图 2.18）。

图 2.18 歼-10 歼击机（崔文斌 摄）

在歼-10歼击机研制过程中,发达国家已经完成了二代歼击机向三代歼击机的过渡,我国周边国家和地区的空军也开始装备第三代作战飞机,在这种情况下,中国空军决定引进国外先进作战飞机,尽快向部队提供新一代作战飞机,以增强我国的空中防御能力。

1995年,我国与俄罗斯签署了苏-27歼击机(见图2.19)的生产许可证转让协议。

图2.19 苏-27歼击机(崔文斌 摄)

强击机,是作战飞机的一种,也叫攻击机,主要用于从低空、超低空突击敌战术或浅近战役纵深内的目标,直接支援地面部队作战。国外也称为近距空中支援飞机。强击机具有良好的低空操纵性、安定性和良好的搜索地面小目标能力,可配备品种较多的对地攻击武器。

强击机是在战场上最容易受到对方攻击的机种,为提高生存力,一般在其要害部位有装甲防护。强击机由德国首先使用,代表机型:强-5强击机、A-10攻击机、苏-25强击机、A-29"超级巨嘴鸟"、AC-130攻击机、"蝎子"攻击机。

中国空军于1950年开始装备强击机。强-5(见图2.20)是由中国南昌飞机制造公司于20世纪60年代研制的轻型超声速攻击机,是一种单座双发动机的低超声速飞机,装有两门 23 毫米口径的机炮,机身内和机身下可载挂多种对地攻击武器,最大载弹量可达 2 吨。主要用于低空、超低空对地面或水面战术、战役纵深目标和有生力量进行攻击,直接支援地面部队作战,它至今仍是唯一由第三世界国家发展成功的喷气式攻击机。

图 2.20　强-5 强击机（崔文斌 摄）

3．驰骋空天

2012 年 11 月单座双发舰载歼击机歼-15（见图 2.21）在辽宁舰上成功实施阻拦着舰和滑跃起飞,实现舰载歼击机从"岸基"到"舰基"的突破,标志我国掌握了舰载歼击机海上阻拦着舰和滑跃起飞的核心关键技术。该机是中国参考从乌克兰获得苏-33 歼击机原型机 T-10K-3 号机和以国产

图 2.21　歼-15 舰载歼击机

歼-11 歼击机为基础进而研制和发展的重型双发舰载歼击机,该机研制由中国航空工业集团沈阳飞机工业集团承担。

歼-16（见图 2.22）是我国沈阳飞机公司基于歼-11 系列发展而来的新型第四代多用途双座双发歼击轰炸机,于 2011 年 10 月 17 日在沈阳首飞,目前已经加入空军服役,该机外形参考机型为俄式苏-30MKK 多用途歼击机。

图 2.22　歼-16 歼击机（刘军 摄）

2011 年 1 月 11 日,中国第一款第五代重型歼击机歼-20（见图 2.23）于成都黄田坝军用机场实现首飞,引起中国人民和海外华侨的强烈自豪感和全世界范围内特别是中国周边国家政府与民间的巨大轰动。

图 2.23　歼-20 歼击机（崔文斌 摄）

歼-20 研制成功标志着中国空军进入隐身歼击机时代,采用特色气动布局,也是全球唯一采用鸭式布局的隐身歼击机,具有超音速巡航和亚音速机动性能。

25 年间,主战飞机从第一代直上第三代,继而又踏上了第四代的门槛。更新换代速度之快,世界空军历史上罕有其匹。当下,中国空军武器装备,质量赶上了世界前沿,规模形成了区域优势,体系初现雏形,使空军成为唯一可以成体系在境内外遂行空天地一体作战的国家长剑,引起世界瞩目。

与此同时飞机编号沿用了上一阶段的编号方法,飞机型别代号和改型代号合并为一,并进行了扩充,使之更加完善。例如,运-8(Y8)运输机的全气密改型编号是运 8C(Y8C),若改型为电子对抗机则编号就成了运电 8C(YD8C)。

回望过去,中国的歼击机从歼-5 到歼-20,从引进仿制到自主研制,中国空军的建设走过了漫长的道路。今天,中国第五代歼击机歼-20 开始翱翔于蓝天之上,继承先辈的使命,开始守卫祖国的天空。

2.2 空防力量的精彩呈现

电影《空天猎》讲述的是中国空军体系出动、跨境反恐的故事。在该电影中中国空军现役的歼-11、歼-10C、歼-20、运-20、空警-500、察打一体无人机等先进飞机、新型机载弹药和空降作战装备等悉数登场,尽展我大国空军决胜空天的雄风。如此齐全的实装阵容登上银幕,在中国电影史上是空前的,在世界电影史上也不多见。接下来我们就一起来了解电影中出现的空军装备吧!

2.2.1 歼-11

影片一开场就是飞行员吴迪和刘浩辰驾驶歼-11(见图 2.24)双机驱离抵近侦察的他国电子侦察机,在和平年代这种抵近侦察和反侦察是最常见的空中较量。用横滚战术干扰他国侦察机,迫使对方返航确实在我国东海上空发生过。

2.2.2 歼-10C

吴迪在霸天狼中队第一次飞行实习时驾驶的是歼-10C(见图 2.25),执行空袭弹道导弹发射井任务,在影片最后吴迪和敌人战斗,也是驾驶的歼-10C。

图 2.24　歼-11 歼击机（崔文斌 摄）

图 2.25　歼-10C 歼击机（刘军 摄）

2.2.3　歼教-6

电影中吴迪为陆国强送祝福镜头里驾驶的飞机是歼教-6（见图 2.26）。歼教-6 是 20 世纪 60 年代末中国沈阳飞机制造厂在歼-6 歼击机基础上改型研制的超声速喷气教练机,这是歼教-5 装备部队之后,中国空军首次拥有超声速教练机。歼教-6 曾出口到巴基斯坦等其他国家。

图 2.26 歼教-6 教练机

2.2.4 歼-20

影片中歼-20（见图 2.27）在吴迪第一次击败陪练员以后首次出现，就是凌伟峰驾驶的那架，从吴迪、赵亚莉面前掠过。在影片拍摄时歼-20 还未列装部队，2019 年 10 月 13 日，歼-20 歼击机列装中国人民解放军空军王牌部队。

图 2.27 歼-20 歼击机（崔文斌 摄）

2.2.5 运-20

电影中空投霸天狼中队的是中国的运-20（见图2.28），代号"鲲鹏"。运-20是中国研制的新一代军用大型运输机，于2013年1月26日首飞成功。该机作为大型多用途运输机，可在复杂气象条件下，执行各种物资和人员的长距离航空运输任务。运-20采用常规布局，悬臂式上单翼、前缘后掠、无翼梢小翼，拥有高可靠性和安全性，以及一定的拓展能力。

图2.28 运-20运输机

2.2.6 轰-6

影片中吴迪执行空袭弹道导弹发射井任务时，为他进行空中加油的是由轰-6改装的空中加油机。轰-6轰炸机（见图2.29）是20世纪50年代末中国航空工业西安飞机工业（集团）有限公司参照苏联中型喷气战略轰炸机图-16研制。轰-6主要担任战术轰炸、侦察、反舰、巡逻监视等多种任务。该机是中国空军轰炸力量的核心，并不断对动力、航电及机载武器进行改进和发展多种特种平台。

图 2.29　轰-6 轰炸机（崔文斌 摄）

2.2.7　空警-500

电影中的最后大决战里一直监视空中情况的就是空警-500（见图 2.30），整个空域有任何飞机升空都逃不过它的法眼，能够有效为我国空军飞行员提供及时预警。20 世纪 60 年代研制的空警-1 型是中国第一代预警机，21 世纪服役的空警-2000、空警-200 是第二代预警机，空警-500 则是中国研制装备的第三代预警机。

图 2.30　空警-500 预警机

2.2.8 彩虹-5 无人机

电影《空天猎》在解救人质行动中陆国强操控的就是彩虹-5 无人机（见图 2.31）。电影中的彩虹-5 无人机的机量产型刚刚完成首飞，便登上大荧幕。彩虹-5 无人机是中国航天科工集团有限公司旗下航天彩虹无人机股份有限公司研制的中空长航时和"察打一体"的无人机。该机翼展① 20 余米，可挂载多种武器，使用灵活性强，且具有动力强、载重大、航时长、航程远等巨大优势，其可靠性、安全性大幅提升。

图 2.31　彩虹-5 无人机（环球网）

电影《空天猎》中，各型先进飞机有款有型、蓝光暗射，不仅"颜值"高、形体帅，更跃动于九天，歼敌于精准，魅力四射。它们投射出了当代中国空军的高端品质和强悍力量。

空降战车从天而降、直捣敌巢⋯⋯一件件兵器，组成体系，串接起一个个战斗情节，演绎出一幕幕惊险刺激的信息化空天地一体作战场景。

这一切，确为故事，但都是源于生活的故事，它折射出的，是自 20 世纪 90 年代以来，在"空天一体、攻防兼备"空军战略引领下，中国空军武器装备从第一代到第四代、从要素组合到体系集成、从机械化到信息化这样一个 25 年间跨越两代的飞跃进程。

---

① 翼展指固定翼飞行器的机翼左右翼尖之间的距离，是衡量机翼气动外形的主要几何参数之一。

2.3 战争从平面走向立体

飞机自发明之后不久就被用于军事用途,从刚开始的附属军种,支援地面作战,到如今的可以左右战争胜负,甚至是可以独立完成一场战争的强大的军种,人类的战争从平面走向了立体化。从此,呼啸而过的歼击机打破了天空的宁静,在云端上演了一幕幕惊心动魄的铁血对决。飞机和空军经历了一个多世纪的发展,从诞生走到了巅峰。

2.3.1 空战的历史起源

1909 年,美国陆军首先购买和装备了第一架军用飞机,准备用它来参与战场侦察。这架飞机上装有一台30马力的发动机,最大速度可达68千米/时。同年又制成了 1 架双座莱特 A 型飞机,用来训练飞行员。

1911 年 10 月 22 日,在意土战争中,意大利飞行员皮亚查驾驶"布莱里奥"型单翼机飞机投入实战(对土耳其军队进行侦察),揭开了空中作战的序幕。

如图 2.32 所示为第一次世界大战初期应用飞机进行侦察。德国的双座侦察机机身已做成流线型。

图 2.32 第一次世界大战初期飞机进行侦察(《人类飞翔史》)

最先认识到航空武器重要性的是飞行员。部分飞行员将手枪、步枪、机枪带到飞机上,与敌机遭遇时向敌机射击。

1914年9月8日,俄国的飞行员驾驶飞机在空中与一架奥地利侦察机相遇。两位飞行员分别用手枪、砖头、投箭、抓钩和钢索等"武器"进行相互攻击。从此,飞机与战争变得密不可分,奇诡壮丽的战争画卷也由此翻开了革命性的篇章。

2.3.2 空战的发展历程

世界上第一次真正的空战发生在1914年10月5日,地点是在比利时上空。当时,法国飞行员弗朗茨在自己的飞机上安装了一挺火力很强的霍奇斯基机枪。机枪固定在座舱前的机身上,沿飞行方向射击(见图2.33)。飞行中,他们发现一架德国的"阿维亚蒂克"双座机正在侦察法军的防线,弗朗茨立即向敌机俯冲过去,并用机枪射击,德机躲避不及,中弹栽地。世界上第一次空战就这样匆匆结束了,但引人入胜的空战史却由此拉开了帷幕。

图2.33　在飞机上安装霍奇斯基机枪(《人类飞翔史》)

为了适应战争的需要,人们开始研制用于空战的飞机,这就是歼击机。关于世界上第一架歼击机的制成,说法也不尽一致。目前,大多数国家都认为,世界上第一架歼击机是法国的"莫拉纳-桑尼埃"飞机(见图2.34)。这种飞机上装有机枪,机枪与发动机轴平行安装,机枪位于座舱前的机身上方,射击时枪弹穿过旋转着的螺旋桨,子弹可打中桨叶,所以在桨叶上加装了金属滑板予以保护。应该说,这种方案相当不理想,而且有较大的危险性,但在当时来说却是一种创新性的发明。它不仅标志着第一种歼击机的问世,而且取得了很好的战果,还"造就"了世界上第一位王牌飞行员。

图 2.34 法军纽波特系列飞机（环球网）

当时,歼击机的发展主要是依托于空中武器装备的研发。1912 年,荷兰人安东尼·福克到德国创建了一家小型飞机公司,称为福克飞机公司。福克发明了一种更先进的机枪射击协调装置。这种装置设计得很巧妙,它能依靠螺旋桨来控制机枪的射击,每当桨叶与枪管成一线时,机枪便停止射击,桨叶一过又自动恢复射击,这样一来,子弹就不会打到螺旋桨了,机枪的攻击能力、命中率明显提高,使歼击机的空战能力有了突破性的提高（见图 2.35）。

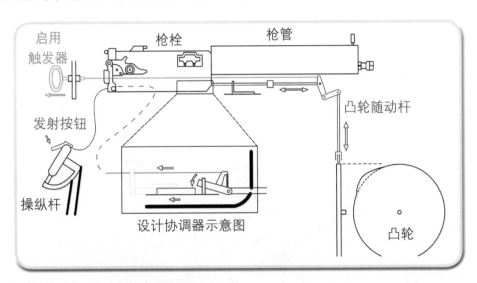

图 2.35 福克设计的协调器原理图

德国人很快就把这种装置装在福克公司生产的单翼侦察机上,使它成为"福克"式歼击机（见图 2.36）。这种歼击机装一台 80 马力的发动机,最大时速 130 千米 / 时,升限可达 3000 米。这种"福克"式歼击机使英、法等国的飞机遭受惨重的损失,当时称为"福克式灾难"。"福克"式歼击机的发明标志着空战时代的来临。

图 2.36 "福克"式歼击机（中国军网）

除"福克"式歼击机外,第一次世界大战中著名的歼击机还有法国的"斯帕特"和英国的"索普威思"等。当时最大的飞行时速已达 200 千米以上,升限超过 7000m。

在第一次世界大战中,还出现了轰炸机、强击机和其他的军用飞机。

轰炸机最初是由侦察机改成或由侦察机附带轰炸任务,以后又有专门研制的轰炸机问世。1914 年年底,俄国首先装备了由西科斯基设计的双翼、四发轰炸机"伊利亚·穆罗梅茨"（见图 2.37),这个时期较为著名的轰炸机还有英国的亨德莱·佩治、法国的布雷盖和意大利的卡普罗尼等。到第一次世界大战结束时,轰炸机已有轻型和重型之分。

图 2.37 "伊利亚·穆罗梅茨"轰炸机（北京俄罗斯文化中心）

1915 年 4 月,加洛斯共击落敌机三架,并使另外两架敌机迫降,从而获得了"王牌飞行员"的荣誉称号。他是世界上第一个"王牌飞行员"。而自此以后,击落五架敌机,成了公认的"王牌飞行员"的标准。

1916 年,法国首先在飞机上安装了 37 毫米的航炮,取代了早期那些随意加装在飞机上的各种机枪。这些航炮在第一次世界大战中,成为对地实施扫射和空中格斗的主要武器。

强击机出现于第一次世界大战后期,德国专门设计了一种全金属结构的"容克"强击机。

飞机的出现和在战争中的使用,为人类开拓了战争的新思路,也好像是打开了潘多拉魔盒,成千上万的生命消逝在了飞机的机翼之下。

一百年来,飞机的发展令人目眩神驰:由螺旋桨式发展到喷气式;喷气式歼击机又由第一代发展到第四代;由单一功能的飞机发展为一个涵盖歼击、轰炸、侦察、预警、加油、运输、电子对抗等机种的庞大家族。与此同时,飞机与战役战术、军队编制体制的相互促进和兼容统一,直接促成了空军这一独立军种的产生和发展。

随着飞机的发展和在战争中的广泛运用,空中力量发生了深刻的变革,尤其是进入 20 世纪 60 年代后,随着新技术革命的蓬勃兴起,空中力量进入了高速发展的新时期,在历次局部战争中,显示出了不可替代的作用,已成为实施战略打击的重要力量,甚至成了打赢现代战争的主体力量。

2.3.3　空战的特征变化

1991 年,一场海湾战争,让中国空军备受刺激和震撼。在海湾战争中,空中作战已经作为一种独立的作战样式出现。在历时 43 天的空中作战中,以美军为首的多国部队出动了各种用途的飞机,分别执行空袭、侦察、电子战、护航、加油、运输、观察等任务,对伊军的指挥中心、防空体系、重兵集团等进行了全方位、全天候的空袭,完成了战略空袭、夺取战区制空权、削弱伊军地面部队和支援地面作战 4 个阶段的任务,对战争进程起到了决定性作用。在这场战争中,以第三代歼击机为主的美国等北约[①]空军,将以第二代歼击机为主的伊拉克空军打得毫无还手之力。

无可回避的"代入式"思考,激发起中国空军的奋进。从那时开始,中国空军通过引进和自主研制,快速实现武器装备的升级。

(1)着眼制空防空,装备了苏-27、苏-30、歼-11系列、歼-10系列等第三代主战飞机,继而又研制出第四代隐身歼击机歼-20。

(2)着眼攻防兼备,加大了进攻型飞机的比重,研制出轰-6K战略打击轰炸机以及长剑-20巡航导弹等一批精确制导对地攻击弹药。

(3)着眼信息主导,发展了空警-200、空警-2000、运-8系列信息作战飞机、察打一体无人机。

(4)着眼空天一体,发展了C-300、红旗-9系列第三代具备反导功能的地空导弹,装备了战略预警雷达,配置了天基信息应用系统(见图2.38)。

(5)着眼远域到达,积极研制运-9、运-20中大型运输机。

(6)着眼体系制胜,构建起覆盖全疆域、各型装备随遇入网的指挥信息网络(见图2.39)。

图2.38　导弹发射车(崔文斌　摄)

纵观飞机和战争的发展历程,在惊叹于一代代科学家、工程技术人员、军事人员所付出的巨大努力和所取得的辉煌成就的同时,在惊叹于人类的聪明才智和探索创新精神的同时,我们也由衷领悟到了军用飞机与战争相互联系、相互作用的辩证关系。

---

① 北大西洋公约组织,简称北约组织或北约。第二次世界大战后,美国为了遏制苏联,维护其在欧洲的主导地位,联合西欧一些国家于1949年4月4日正式成立了北大西洋公约组织(North Atlantic Treaty Organization, NATO),总部位于比利时布鲁塞尔。

图 2.39 雷达车（军事天地）

战争，是人与武器有机结合的"表演"，可使我们不致盲目地陷入"武器决定论"的泥沼；战争，赋予了军用飞机鲜活的生命，而不再是一些枯燥的数据和冰冷的钢铁，可使我们对军用飞机的理解更加直观生动；战争，令军用飞机的优长得到最大体现，缺憾暴露无遗，可使我们对军用飞机的作用了解更加全面深刻；同样也是战争，和科学技术与经济力量一道，为军用飞机更新换代提供了源源不竭的动力，为其创造了一个不俗的过去、展现了一个辉煌的未来。

2.4 惨烈空战与经典战机

空战，是人类科技文明发展到一定高度之后衍生出来的一次信息化和科技化战争，飞机自一战加入战场之后，逐渐成为战场的决定性因素，特别是在二战时期，掌握制空权往往能决定一场战役的结果。

二战之后，空军的地位更是显著上升，成为一个国家国防科技的核心要素，战机也从一代、二代发展到了现在的五代战机，更是衍生出了预警机、轰炸机、强击机、歼击机以及武装直升机等各种类型的空军力量。现在的空军，已经发展到一种绝对高度，掌握制空权完全可以解决一场大规模战争。

比如英美对伊拉克发动的军事行动中，美军依靠绝对的空中优势，全面碾

压伊拉克精锐部队，拥军一百多万，号称世界第四陆军强国的伊拉克竟然毫无还手之力，美军不费吹灰之力便占领伊拉克，水土不服的伤病减员远大于作战减员，如此战事，全靠空军一波地毯式打击建立的绝对优势。

不过伊拉克战争只能算是美军全面的空中碾压，不能算是空战。人类的大规模空战历史大都集中在二战时期，毕竟朝鲜战争之后，世界范围内就几乎没有发生过两个实力相当的大国进行的大规模战争。

接下来，我们就简单了解一下，世界历史上那些惨烈的空战和经典的战机。

2.4.1 惨烈空战

1. 不列颠之战

不列颠之战（见图2.40）是二战期间纳粹德国对英国发动的大规模空战。

纳粹德国轰炸了英国的机场，但英国皇家空军的"喷火"和"飓风"歼击机勇猛出击，给予德国轰炸机以致命打击。虽然有令人生畏的Me-109歼击机护航，但该机航程不够，无法护送德国轰炸机深入英格兰。德国人转而轰炸城市，特别是伦敦，但也没有达到很好的战略效果。

图2.40 不列颠之战（央视网）

战争在1941年6月22日以纳粹德国的失败告终，3个月空战的代价是，纳粹德国空军损失将近2000架战机和大批训练有素的机组人员，又无法取得英吉利海峡的制空权优势，更无法借由空袭瓦解英国的地面和海军战力，同时破灭的还有希特勒迅速结束在西线的战斗、集中兵力征服苏联的希望。德国不得不放弃入侵英国的"海狮"计划，开始制订入侵苏联的"巴巴罗萨"计划。

2. "大礼拜"空袭

美国人不得不经历一番艰难困苦才能得到纳粹德国空军从英格兰获取的

教训。战前有理论家宣称,轰炸机可以突破任何防御工事,迫使敌人投降,但现实完全不是这样。美国寄希望于用携带大量弹药的"飞行堡垒"B-17 轰炸机组成密集阵形,在白天发动攻击,用高空精确轰炸摧毁德国的工业。

1943 年夏,德国战机让"飞行堡垒"遭受了不可承受的损失,包括灾难性的施韦因富特和雷根斯堡突袭,在这两场空袭中,367 架 B-17 轰炸机中的 60 架被击落。轰炸机机组人员得到的承诺是,完成 25 次飞行任务后就可以回家。但他们的平均寿命大约是 13 次任务,执行夜间轰炸任务的英国飞行员的平均寿命为 6 周。

与此同时,距离诺曼底登陆只剩几个月了,伴随而来的是历史上最伟大的两栖攻击战。于是,美国策划者提出一个大胆想法:对德国飞机制造厂实施大规模空袭。德国飞行员毫无疑问会迎击,而这正是美国人所希望的。这次,B-17 和 B-24 轰炸机将由远程"野马"P-51 歼击机和短程"雷电"P-47 歼击机护航,前一种飞机在 1944 年开始抵达欧洲,后一种飞机则配备了携带额外燃料的副油箱。

在 1944 年 2 月 22 日—26 日的"大礼拜"空袭(见图 2.41)中,德国各地爆发大规模空战。美国损失了近 250 架轰炸机和 30 架歼击机,代价惨重,但德国也损失了 350 多架歼击机。最后还是以美国为首的盟军赢得了这场空袭,这场空袭令德国彻底丧失了制造军事装备的制造厂,而德国的制造厂也成了"轰炸工厂"。这场

图 2.41 "大礼拜"空袭

空袭显示,必须把敌人的空军置于一种必败的境地,要么出击击败敌人,要么听凭本国被摧毁。

3．"米格走廊"空战

喷气式飞机时代的第一波战役发生在朝鲜上空。1951 年 4 月 12 日,苏美空军爆发了开战以来最激烈的空战。

美军为了袭击鸭绿江大桥等军事设施,派出的空中力量是二战剩下的螺

旋桨飞机,比如"野马"P-51 歼击机和"超级堡垒"B-29 轰炸机,还有早期的喷气式飞机,比如 F-84 等。当天出动了 72 架 B-29 轰炸机。这在一段时间内效果不错,直至首批米格-15 喷气式歼击机出场。苏联方面出动 60 架飞机迎战,苏联飞行员利用米格-15 的快速爬升和俯冲的性能对抗"大个头"B-29 轰炸机,整个空战持续了 40 多分钟,苏军击落 16 架 B-29 轰炸机,苏联空军毫无损失,完胜美军。由于这一战过于耻辱,美军将其称为"黑色星期四"。

1951 年 8 月后,美军加大了对朝鲜的空袭力度,并出动了当时最新的、装备有雷达瞄准仪,且极具灵活性的喷气式歼击机"佩刀"F-86 予以回击。

苏联空军从 9 月开始反击。9 月 19 日,苏联用米格-15 打掉了 3 架美国"佩刀"、3 架轰炸机;10 月 30 日苏联 44 架米格-15 迎战由 221 架飞机(包括 21 架 B-29 战略轰炸机)组成的美国机群,结果以少胜多,击落了 16 架 B-29 轰炸机。

美军因此不得不下令禁止 B-29 战略轰炸机进入丹东附近的中朝边境地区。作战的米格-15 歼击机越来越成为美军害怕的敌人,这一地区也成了令美军飞行员闻风丧胆的"米格走廊"。

4."后卫二号"行动

1972 年 12 月,美军在越南战场进行了"后卫二号"行动——史上规模最大的 B-52 轰炸机轰炸行动。由 200 架巨型 B-52 轰炸机组成的庞大机群,从 12 月 18 日至 12 月 29 日,对北越首都河内周围的铁路、机场、地对空导弹存放地点、汽油库和其他重要目标进行打击。

12 月 29 日,"后卫二号"行动结束,B-52 轰炸机一共实施了 729 架次的轰炸任务,空军和海军的护航歼击机也进行了 769 架次的飞行,以压制北越的防空火力。

对于接受过突破苏联巨大防空系统训练的机组人员来说,这原本易如反掌。但美国人面对的是一个苏联提供的由防空导弹、高射炮和米格拦截机组成的严密综合防空系统,该系统顶住了美国 7 年的轰炸。

美军为"后卫二号"行动付出了惨重的代价:15 架 B-52 被击落。这是首次在一场大规模的战略轰炸战役中使用喷气式战略轰炸机。

5．1982 年马岛战争

1982 年 4 月 2 日，英国与阿根廷为争夺马尔维纳斯群岛（以下简称"马岛"）的主权，在南大西洋的马岛展开了为期 2 个月的战争。1982 年 4 月底，英军凭借强大的海空军实力完成了对马岛的海空封锁，而阿根廷也随之展开了反封锁作战，双方随即围绕制空权和制海权展开了激烈的战斗。

在马岛空战中，英军的 2 艘航空母舰一共搭载了 42 架"海鹞"垂直起降歼击机，而阿根廷空军装备有 17 架"幻影 3"战机和 37 架"短剑"战斗轰炸机。在与阿根廷空军的交手中，28 架"海鹞"战机一共击落了 21 架阿军战机，而自身无一战损。阿根廷空军在马岛战争中损失各型飞机共计 60 架，这对阿根廷空军来说是一次毁灭性的打击。

2.4.2 经典战机

1．B-52 轰炸机（美国）

B-52 轰炸机，也称为"同温层堡垒"，是美国波音公司于 1948 年设计的远程重型轰炸机，于 1952 年首飞，并于 1955 年首次交付军用（见图 2.42）。

图 2.42 B-52 轰炸机模型

最初设计的目的是对付强大的苏联,其中一项主要的任务就是可以挂载原子弹,同时也可以兼顾多项任务。

B-52 的翼展为 56 米,长度为 49 米,由安装在机翼下方的四个双吊舱中的八台喷气发动机提供动力。

飞机在 17000 米的最大速度为 0.9 马赫①(960 千米/时),在离地面仅几百英尺的地方,可以 0.5 马赫(600 千米/时)的速度飞行。

它最初设计是可以搭载 6 名乘员,其唯一的防御武器是尾部的遥控炮塔,1991 年,该炮塔被淘汰,乘员减少到 5 人。

2. 米格-21 歼击机(苏联)

米格-21 歼击机(见图 2.43),是苏联第二代超声速喷气式歼击机。飞机最大起飞重量 9600 千克,推力(最大/加力)5100/6600 千克,最大飞行速度 2.1 马赫,实用升限 18400 米,内部燃油航程 1300 千米,作战半径 270 千米。

图 2.43 米格-21 歼击机(俄罗斯卫星通讯社)

米格-21 歼击机采用单座三角翼气动布局,安装一台涡喷发动机,是根据朝鲜战争中喷气式歼击机空战经验研制的,主要任务是高空高速截击、侦察,也可用于对地攻击,特点是轻巧、灵活、爬升快、跨声速和超声速操纵性好,火力强,其中高空高速性能被摆在了首要位置。

---

① 马赫是奥地利物理学家恩斯特·马赫(Ernst Mach,1838—1916)的名字。马赫是速度与声速的比值,声速在不同高度、温度与大气密度等状态下具有不同数值,所以马赫数只是一个相对值,并不表示固定的速度值。

米格-21 歼击机由苏联米高扬设计局于 1953 年开始设计，1955 年原型机试飞，1958 年开始装备部队。20 世纪 60 年代作为苏联空军的主力制空歼击机，原型及其改进型（包含仿制、改良型）共生产了 10000 多架，是 20 世纪产量、装备量最多的喷气歼击机之一，曾进行过多次大规模的重要改进。中国歼-7 就是基于米格-21 研制的。

3．F-117A（美国）

F-117A 是美国洛克希德·马丁公司研制的单座亚声速隐身战斗攻击机，具有很好的雷达、红外和目视隐身能力，主要用于携带激光制导炸弹对目标实施精确攻击。F-117A 所有的武器都挂在内置的武器舱内，可以携带美国空军战术歼击机的全部武器（见图 2.44）。

图 2.44 F-117A 隐身攻击机

1989 年 12 月 21 日，F-117A 参加了美国对巴拿马的军事行动，这是该机首次参加实战。海湾战争中，42 架 F-117A 出动了 1300 架次，轰炸了战略目标清单中 40% 的目标，无一损失，表现出色，深受美国空军的赞赏。但在 1999 年 3 月 28 日北约对南联盟空袭中首次被击落。

4．A-10 攻击机（美国）

A-10 攻击机（常被美军昵称为"疣猪"，通称费尔柴尔德 A-10"雷电 II"攻击机），是由美国费尔柴尔德公司研制的一型单座双引擎攻击机（见图 2.45）。

图 2.45　A-10 攻击机（刘军　摄）

A-10 攻击机依靠强大的火力专司对地攻击，是美国空军现役一种负责提供对地面部队的密集支援任务的型号，包括攻击敌方坦克、武装车辆、重要地面目标等。

虽然集现代高科技于一体的 F-16 等先进飞机抢占了 A-10 的许多作战机会，但是在北约大规模空袭南联盟的作战行动，以及伊拉克战争中，却证明了 A-10 无法被撼动的独特地位，虽然没有 F-15、F-16 战机打击目标精确度极高的优点，也没有 AH-64 武装直升机"一树之高"的优势，但其能够有效对付利用地形掩护的地面部队的功能是其他战机无可替代的。

5．V-22 倾转旋翼机（美国）

V-22 倾转旋翼机（绰号鱼鹰），是美国一型具备垂直起降（VTOL）和短距起降（STOL）能力的倾转旋翼机（见图 2.46）。

图 2.46　V-22 倾转旋翼机（《中国国防报》）

V-22 倾转旋翼机于 20 世纪 80 年代由美国波音公司和贝尔直升机公司联合研发，1989 年 3 月 19 日首飞成功，经历长时间的测试、修改、验证工作后于 2006 年服役美国空军，2007 年服役美国海军陆战队，同年开赴阿富汗进行实战部署。

6．苏-27 歼击机（苏联）

苏-27 歼击机是苏联苏霍伊设计局研制的单座双发全天候空中优势重型歼击机，属于第三代歼击机，主要任务是国土防空、护航、海上巡逻等（见图 2.47）。

图 2.47　苏-27 歼击机（崔文斌 摄）

总的来说，苏-27 是一款机动性、作战半径优越的战机，苏-27 系列歼击机已经成为俄罗斯军机中最成功的机型，一方面是保持俄罗斯空中力量的重要基础之一；另一方面出口到众多国家，获得巨大经济利益。

2.5　未来军机无限可能

回顾飞机百年发展的历程,远远超出了当年人们的想象。虽然准确地预测未来军机发展比较困难,但通过对当前各国的预研情况和相关资料的分析,可以肯定地说,大量航空高新技术的涌现和发展,将推动军用飞机产生革命性变化。21 世纪军用飞机的面貌将大为改观,作战效能会成倍提高,并以崭新的姿态出现在世人的面前。

2.5.1　综合化

综合化主要指未来军机将注重统筹规划研发活动,走模块化和一机多型的路子,努力开发集多种功能于一体的综合性更强的飞机,从而精简型号,增强通用性和实用性,并节约经费和缩短研制周期。

例如,美国三军合作开发的 JSF 通用联合攻击 / 歼击机(其军用编号为 F-35,见图 2.48),是一种采用模块化设计的隐身多用途飞机,可以在一条生产线上,为空军、海军和海军陆战队制造三种外形基本相同,但起降性能和起降方式差异很大的飞机。根据要求,这三型飞机的一些大部件能调换或拆除。

图 2.48　美军 F-35 攻击 / 歼击机

美国空军为进一步缩短打击链的时间（对目标发现、跟踪、定位、攻击决策的时间，要求在 10 分钟以内），曾于 2001 年出台了 E-10 多传感器指挥与控制飞机，计划把目前的 E-3 预警机、E-8"联合星"雷达监视飞机、RC-135 电子信号侦察机，甚至把 EC-130 电子干扰机、EC-130E 战场指挥与控制飞机和 E-4 全国机载作战中心等设备安装在波音-767 飞机上，成为一个综合的多传感器平台，反映了集侦察、预警、指挥、电子干扰等功能于一身的军用飞机向综合方向发展的趋势。

2.5.2　无人化

无人化主要是指未来军机利用无人机进行作战。无人机（unmanned aerial vehicle，UAV）是军用飞机今后的重点发展方向之一，无人机可执行战场侦察监视、通信中继、电子干扰、诱饵佯动掩护、战果评估、反辐射攻击、识别和打击地面机动目标等多项任务。

当前的无人机自动化、智能化程度还不高，军用无人机在完成包括飞行、作战在内的很多任务时还需要若干名地面操作人员的远程操控。

所以提高自动化、智能化的程度是军用无人机发展的方向。通过在感知技术、控制技术、战术算法等方面的突破，让无人机可以自行判断情况、完成任务，最终减少地面人员操作，甚至取消地面人员操作（见图 2.49～图 2.51）。

图 2.49　军用无人机（军事科技前沿）

图 2.50　无人机控制中心（军事科技前沿）

图 2.51　SR-72 概念图（军事科技前沿）

2.5.3　隐身化

隐身化是指未来军机通过增加敌人探测、跟踪、制导、控制和预测平台或武器在空间位置的难度，大幅降低敌人获取信息的准确性和完整性，降低敌人成功地运用各种武器进行作战的机会和能力，以达到提高己方生存能力而采取的各种措施。

隐身化的军机独立作战能力强，对作战支援飞机的依赖性小，一般情况下除加油机外无须电子干扰机和其他歼击机伴随支援。

如现代隐身作战飞机的所谓"低可探测性",主要是指它们在某些微波波段难以被敌方雷达等探测设备发现,但在红外波段和可见光波段,它们仍属高可视性的飞行器,易被肉眼、光学探测器和红外阵列探测器发现。因此,除了需要进一步加强此类飞机对米波、微波波段的雷达隐身性能外,研究重点应扩展到全机的红外隐身和目视隐身方面。

2.5.4　智能化

智能化是指未来军机可以自动地进行全方位搜索和探测,并自动显示、记录、报告目标位置,当有导弹来袭时,安全系统就会立即报警,同时显示威胁的性质、方位、距离和所采取的对抗方式。故障显示系统则可自动诊断电子系统和机械系统的故障,甚至能预报即将发生的故障,并显示出应采取的防范措施。

以往飞行员驾驶飞机主要是靠眼看、耳听,用手和脚操纵,而座舱内的仪表手柄、开关、操纵杆达数百个,碰到紧急情况和复杂环境,需要做出迅速反应时,难免顾此失彼。

为解决这一问题,一些发达国家正在用触摸式、感应式开关取代众多的机械手柄,并积极发展声控、眼控、脑控等先进控制系统。例如,飞行员可以用眼睛的目光锁定出现在显示器上的目标,或调出其他信息;用超导试验头盔已可测出大脑思维活动产生的电磁场的变化,测出飞行员的疲劳和超载情况,并能对飞行员因大过载而引起的晕厥和缺氧进行告警等。

为了在复杂情况下减轻飞行员的负担,未来歼击机上将配有一名数字化的"计算机副驾驶"。这位副驾驶可执行和接管许多工作,如主动控制飞机的各个活动翼面的偏转,使飞机做稳定或机动飞行;及时调节机翼的前、后缘机动襟翼,帮助机上乘员监控机载各系统的工作,应急处理突发情况,为飞行员提供航路修正参考、敌情分析、武器选择、话音告警、飞行状态控制等。随着数字化的"计算机副驾驶"日渐成长,在大部分时间内,飞机将由计算机来驾驶,这使飞行员越来越像是个监督员,而不是操纵员。随着飞机智能化的提高,有人驾驶的歼击机就会变为无人驾驶歼击机了。

2.5.5 空天化

空天化是指未来军机将发展成既能航空又能航天的新型飞行器。

早在 1967 年,美国试飞员约瑟夫·沃尔克就曾驾驶以火箭发动机为动力的 X-15A 试验飞机(见图 2.52)飞出过 7297 千米 / 时的惊人速度,并飞到了 80000 米以上的高空,成为世界上第一个驾驶飞机的宇航员(美国国家航空航天局规定飞行高度超过 80000 米的飞行员可称为宇航员)。

图 2.52　X-15A 试验飞机(*The Right Stuff*)

但从总体上来看,由于技术水平的限制,目前航空器的飞行高度极限一般在 38 千米,而航天器的最低轨道高度在 120 千米,致使 38 ～ 120 千米高度的空间还存在着一个航天、航空器活动的"空白区"。

随着航空和航天技术的飞速发展和紧密结合,美国、俄罗斯等强国都在积极研制可以在航空航天空间自由穿越的空天飞机(MTV),也称跨大气层飞行器,它在起飞和爬升阶段,采用普通的喷气式发动机,像航空飞机一样起飞,当达到较高速度后,改用冲压式喷气发动机,直到高度升至几十千米,进入稀薄大气层,才改由纯火箭发动机提升动力。其可以直接加速进入地球轨道,此时由航空飞机转为航天飞机,完成任务后它又可以从大气层外返回大气层内,降速飞行,像普通飞机一样着陆。

使用空天飞机实施跨大气层运输支援,具有快速高效全球覆盖的特点,能够对地球上任何地方的突发事件和军事行动做出快速反应,因而在未来战争中具有巨大的军事应用价值和潜力。可以预见,空天飞机的研制成功并投入使用,必将引起军事力量投送与部署的革命性变化。

本 章 小 结

电影《空天猎》用严谨的军事逻辑、专业的电影语言、精湛的影像技术、实拍的飞行镜头、成体系的部队实装,真切展现了中国空军向战略空军加速转型的最新成果,以艺术的质感传递出空天领域中国力量的质感。护佑空天,托举复兴,当代空军人应当从这一部艺术作品中收获情怀和激励。

思 考 题

(1) 中国空军从无到有、从弱到强都经历了哪些阶段?

(2) 我国的防空力量有哪些组成?想一想以后还可能会发生什么样的变化?

(3) 空战的出现对战争带来哪些的影响?

(4) 空战中各种类型的飞机是怎么配合一个战斗整体的?

(5) 假如若干年后你成为一名歼击机设计师,请你设计一款歼击机并注明主要功能。

第3章

认识航空模型

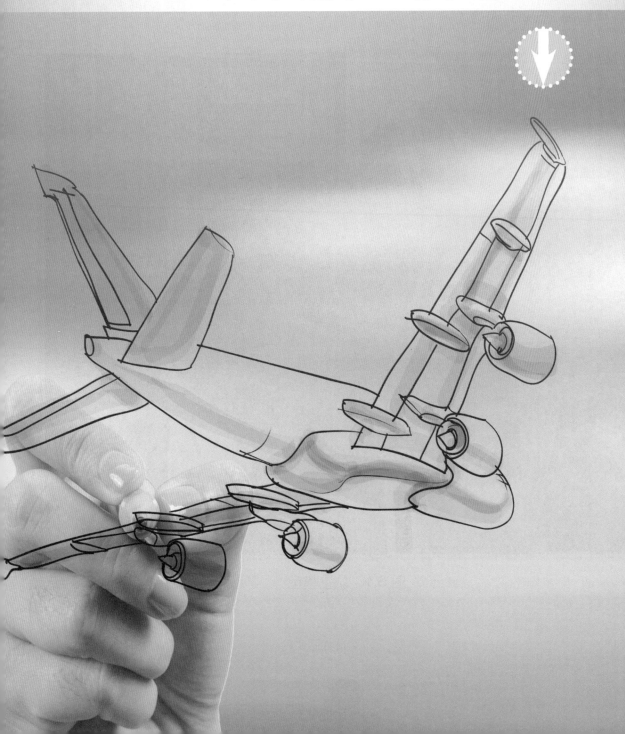

　　青少年是祖国的未来,科学的希望。通过航模活动,将使青少年接触到广阔的知识领域:从空气动力到材料结构等有关知识、从加工工艺到调整试飞等有关技能、从现实飞机到新型飞机的创造构思等。航模活动动手又动脑的特性,将带来很多可贵的特殊教育效果。青少年在实践活动中获得积极的情感体验,或通过自己的发现而享受创造的喜悦,或在克服困难获得成功中体察到自身的价值和满足感,这些无疑有利于培养青少年的自主、自立、自信、自强、自律等优秀品格。接下来,就让我们一起认识一下航空模型吧!

　　航空模型按飞行原理可分为固定翼模型类、直升机模型类、飞艇模型类、火箭模型类等（见图3.1）。

图 3.1　航空模型

3.1 固定翼模型组成结构

固定翼模型飞机与真飞机一样，主要由机翼、尾翼、机身、起落装置、动力装置和控制系统六部分组成（见图 3.2）。

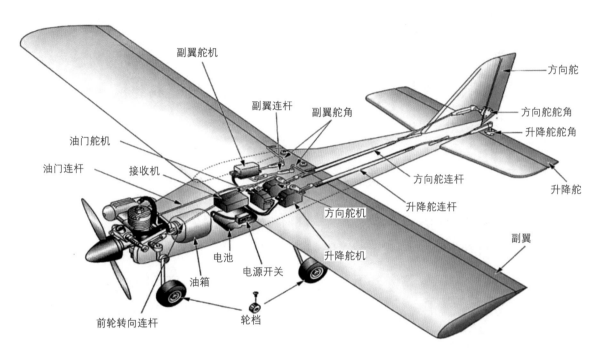

图 3.2 航空模型飞机结构

3.1.1 机翼

机翼是飞机的组成部分，其主要作用是产生支持飞机重量或作机动飞行所需的升力。机翼后部的副翼，可以调整模型飞机左右倾斜。

3.1.2 尾翼

尾翼安装在飞机尾部，起纵向（俯仰）和航向稳定、配平作用，并操纵飞机保持和改变飞行姿态。其中水平尾翼保持模型飞机的俯仰稳定，并可产生一部分升力，垂直尾翼保持模型飞机方向稳定。水平尾翼后部的舵是升降舵，通过它的上下偏转可以控制模型升降。垂直尾翼后部的舵是方向舵，通过它的左右偏转可以控制模型飞机的飞行方向。

3.1.3　机身

机身将模型的各部分联结成一个整体,同时机身内可以装载必要的控制机件、设备和燃料等。

3.1.4　动力系统

动力系统是模型飞机产生飞行动力的装置。模型飞机常用的动力装置有橡筋束、有刷电机、无刷电机、活塞式发动机、涡轮喷气式发动机（见图3.3）。

3.1.5　起落装置

起落装置的主要作用是支撑模型飞机,供起飞着陆时使用。典型的常规模型飞机一般都具有以上五部分,但特殊形式的模型飞机也有例外。比如弹射和手掷模型滑翔机,就没有动力和起落装置。

固定翼航模的起落架大致可分为可收放起落架和不可收放起落架。可收放起落架可以在飞行时通过遥控器上设置对应通道开关实现起落架收起与下放的效果,使飞机飞行过程更加逼真。有些可收放起落架和不可收放起落架还配备了电磁刹车系统和减振。简易(插拔)起落架直接由一根钢丝弯曲形成,一般是不可收放的（见图3.4）。

立式减震起落架

跪式减震可收放
电磁刹车起落架

有刷电机　无刷电机　涵道发动机

燃油发动机　　涡轮喷气式发动机

电机驱动金属蜗杆式收放
起落架收放模块模块

简易架式起落架

图3.3　航模发动机种类　　　　图3.4　航模起落架种类

3.1.6 控制装置

控制装置主要用来控制模型的空中机动,包括起飞、降落和转向等,分为发射机(即遥控器)和接收机(在飞机上与各电子设备连接)。高级航模控制装置可以用于数据回传,例如空速表、高度计、升降率计、温度计、GPS 等。

遥控器的操作模式主要有美国手、日本手和中国手(见图 3.5)。

图 3.5　遥控器种类

- 美国手:左手摇杆负责油门和偏航,右手摇杆负责俯仰和横滚。
- 日本手:左手摇杆负责俯仰和偏航,右手摇杆负责油门和横滚。
- 中国手:左手摇杆负责俯仰和横滚,右手摇杆负责油门和偏航。

由于美国手的操作方式最接近真机,故固定翼航模一般选择美国手。

接收机是与发射机配套的,安装在飞机上用来接收遥控器的指令并传达给各个部件的装置,是固定翼航模的核心部件。遥控器能控制的功能数量受到接收机通道数量的限制。相同通道的遥控器使用不同通道的接收机能控制的功能数量不同。例如,使用 AT9(12 通)遥控器和 R6D(6 通)接收机时,遥控器最多只能控制 6 个通道的功能(见图 3.6)。

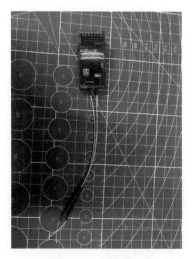

图 3.6　接收机

3.2 常见术语

3.2.1 翼型

机翼或尾翼的剖面形状。常用的飞机模型翼型有对称、双凸、平凸、凹凸、S 形等。对称翼型的中弧线和翼弦重合，上弧线和下弧线对称。这种翼型阻力系数比较小，升阻比也小。一般用在线操纵或遥控特技模型飞机上（见图3.7）。

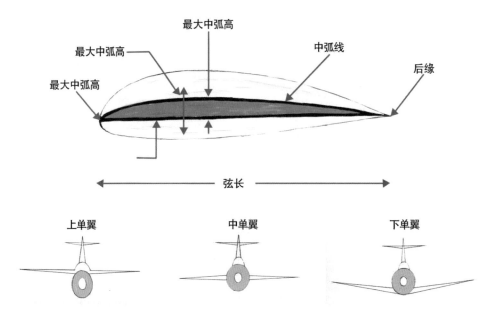

图 3.7　机翼的翼型

3.2.2　前缘和后缘

机翼最前面的边缘称作前缘，在大迎角[①]飞行时，机翼上表面前缘就开始产生气流分离，升力系数大大降低。前缘增升装置一般布置在弦线最前面的 10% ~ 15% 弦长区域内。有固定式前缘缝翼、可操纵前伸缝翼、克洛克襟翼、下垂前缘和局部弯曲等形式。

机翼最后面的边缘称作后缘，后缘增升装置一般在 65% ~ 75% 弦长之后的 25% ~ 35% 弦长范围内。机翼有简单式、后退式、开裂式、开缝（单缝、双缝或多缝）式和喷气襟翼等形式（见图3.8）。

[①] 飞行速度向量在飞机对称平面上的投影与某一固定基准线（一般取机体纵轴）的夹角，又称飞机攻角、飞机冲角。

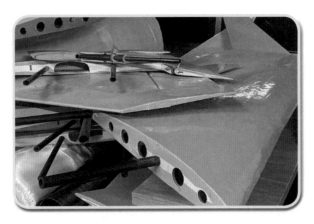

图 3.8 机翼剖面

3.2.3 翼弦

翼型的前缘点与后缘点的连线称为翼弦,它是翼型的特征长度。但是某些翼型的下表面大部分为直线,即将此直线定为翼弦。

3.2.4 弦长

机翼前后缘的距离称为弦长,如果机翼平面形状不是长方形,一般在参数计算时采用制造商指定位置的弦长或平均弦长。

3.2.5 翼展

翼展(见图 3.9)是指固定翼航模的机翼左右翼尖之间的距离,是衡量机翼气动外形的重要几何参数之一。

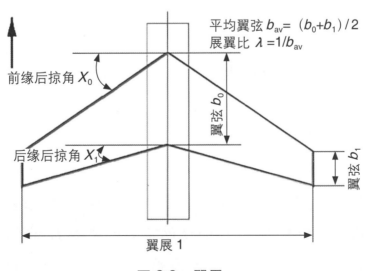

平均翼弦 $b_{av} = (b_0 + b_1)/2$
展翼比 $\lambda = 1/b_{av}$

前缘后掠角 X_0

翼弦 b_0

后缘后掠角 X_1

翼弦 b_1

翼展 1

图 3.9 翼展

3.2.6　安装角

安装角是翼弦与机身基准线的夹角。安装角不是必需的，一般的练习机、上单翼飞机通常会有一定的安装角，作用是提高升力。因为练习机和上单翼飞机一般不会用来做特技，而通常的特技飞机，比如遥控特技 P3A-2/3、F3A 及线操纵 P2B、F2B 等航模都会使用对称翼型和 0 安装角。

3.2.7　上 / 下反角

安装角向上的称为上反角（见图 3.10），向下的称为下反角。从航模机头方向向后看，机翼就像上翘的"V"字母。从某种意义上讲，上反角越大，飞机越稳定。下反角的作用是减小横侧向稳定性、提高机动性。

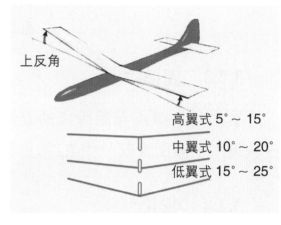

图 3.10　上反角

3.3　飞 行 原 理

航模从地面滑跑到离地升空，是由于升力不断增大，直到大于飞机重力的结果。而只有当航模速度增大到一定程度时，才可能产生足以支持飞机重力的升力。

可见航模的起飞是一个速度不断增加的加速过程。故起飞一般分三个阶段：起飞滑跑阶段、离地阶段和上升阶段。

起飞滑跑的目的是增大航模的速度，直到获得离地速度。拉力或推力越大，飞机增速就越快。起飞中，为尽快地增速，应把油门推到最大位置，并保持预期的滑跑方向。对螺旋桨航模而言，起飞滑跑中引起飞机偏转的主要原因是螺旋桨的副作用（见图 3.11）。

起飞滑跑中，螺旋桨的反作用力矩使飞机向螺旋桨旋转的反方向倾斜，造成两主轮对地面的作用力不等，从而使两主轮的摩擦力不等，两主轮摩擦力之差对重心形成偏转力矩。螺旋桨滑流作用在垂直尾翼上也产生主偏转力矩。

螺旋桨的进动作用也会使飞机产生偏转。加减油门和推拉操纵杆的动作越粗猛，螺旋桨副作用影响越大。

图 3.11 航模起飞滑跑

　　为减轻螺旋桨副作用的影响，加油门和推拉操纵杆的动作应柔和适当。滑跑后段应该用舵来保持滑跑方向。随着滑跑速度的不断增大，方向舵的效用不断提高，就应当回舵，以保持滑跑方向。

　　当速度增大到一定时，升力稍大于重力，飞机即可离地。离地时，作用在飞机上的力中升力大于重力，拉力或推力大于阻力。飞机刚离地时，不宜用较大的上升角上升，上升角过大，会影响飞机增速，甚至危及飞行安全。为了减小阻力，便于增速，飞机离地后，一般在不低于 5 米高度改平飞，因为这时飞行高度低，飞机如有坡度，就会向下侧滑而可能使飞机撞地。因此，发现飞机有大坡度时应及时纠正。当速度增加到合适时，应柔和带杆，使飞机转入稳定上升，并上升到预定高度（见图 3.12）。

图 3.12　航模稳定爬升

本章小结

　　航模活动的实践性,不仅能开发智力,增强动手实践能力,而且有助于增强青少年对航空的热爱。航模制作过程有助于培养青少年科学缜密的思维和求真务实的态度,同时增强坚定的意志和顽强的毅力;分工协作的过程培养了青少年的合作意识和集体主义观念。引领大众,特别是青少年,知航空、爱航空、学航空、建航空,为航空强国和中华民族伟大复兴贡献力量。

思 考 题

　　(1) 在航模的各组成结构中,每种结构的作用是什么?

　　(2) 不同翼型的航模飞行原理是否相同,请说明原因。

　　(3) 固定翼航模的安装角不同对航模的飞行会带来什么影响?

　　(4) 除了本章介绍的航模你还知道哪些类型的航模?

　　(5) 假如你和小伙伴们自己组织一个航模比赛,请你设计一套比赛规则。

第4章

航空模型制作与试飞

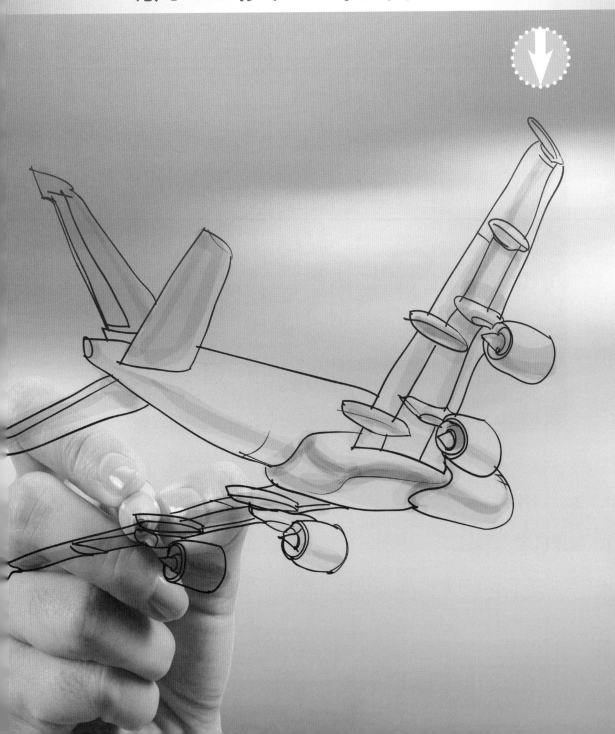

4.1 初级橡皮筋动力模型

初级橡皮筋动力模型飞机是一个比较典型的传统普及项目。通过制作、放飞初级橡皮筋动力模型飞机,可以对带有动力的自由飞项目有一个初步了解,为进一步学习制作复杂的模型飞机打下扎实的基础。下面我们来学习制作一架初级橡皮筋动力模型飞机。

4.1.1 材料工具

一套初级橡皮筋动力模型飞机所需材料:砂纸板、壁纸刀、尖嘴钳、铅笔、尺子、透明胶带、双面胶带、模型快干胶(白乳胶、502 胶水均可),如图 4.1 所示。

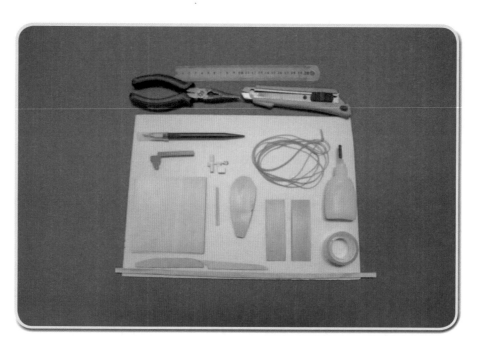

图 4.1 材料工具

4.1.2 制作过程

1. 制作机翼

将吹塑纸按图示尺寸裁出左、右机翼(见图 4.2)。

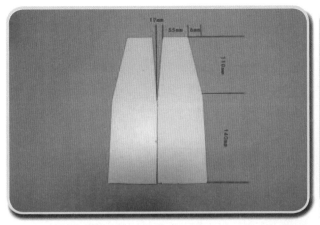
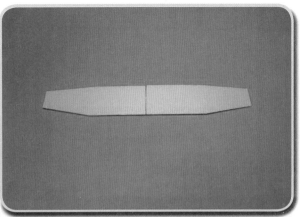

图 4.2　裁剪机翼

1）制作翼型

在距前缘 25 毫米处弯折一下，使它向上凸起 6 毫米。具体做法：先在折痕处的机翼下面用钢尺压一条印痕，然后沿此印痕弯折（见图 4.3）。

2）制作上反角

在每边距翼尖 110 毫米处，从折痕到前缘切开一个 5 ～ 10 毫米长的小口，再把翼尖翘起约 25°。为了增加机翼强度，用透明胶带把翼型折痕和上反角折痕粘住（见图 4.4）。

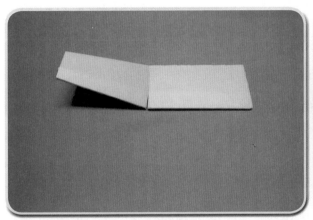
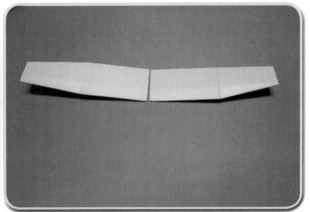

图 4.3　制作翼型　　　　　　　　　　　图 4.4　制作上反角

3）制作尾翼

将吹塑纸按图示尺寸裁出水平尾翼和垂直尾翼（见图 4.5）。

2．制作机身

按图示将机翼翼台与机身杆粘接在一起（要求：翼台前端面距机身杆前

端面 10 毫米）。

制作翼台后加强片：按图 4.6 所示将套材中厚 0.75 毫米的木片加工成型，粘接在翼台后部的机身杆上。

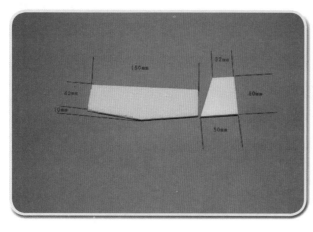

图 4.5　制作尾翼

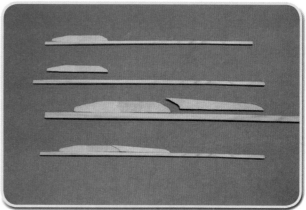

图 4.6　制作机身

按图 4.7 所示用 0.75 毫米木片裁成 5 毫米 ×10 毫米的木片，粘接于机头右侧，然后用壁纸刀将机头修整出带有向右偏转的形状。

3．装配

制作翼台衬板：按图示将套材中 0.75 毫米厚的木片从中间裁开，然后用胶水拼接，裁成 25 毫米 ×80 毫米的木片，画出中心线，粘接在翼台上部。

穿尾钩、粘接尾翼：按图 4.8 所示将套材中的塑料尾钩开口向后穿入机身杆至翼台后加强片；用双面胶将垂直尾翼、水平尾翼分别粘接在机身杆后部。

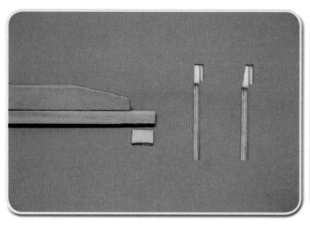

图 4.7　制作机头

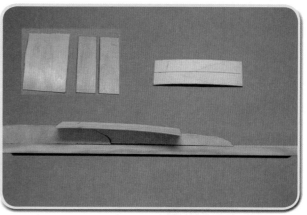

图 4.8　装配翼台

粘接机翼：按图 4.9 所示，用双面胶将左右机翼分别粘接在翼台衬板上，用透明胶带加强。

组装机头：按图 4.10 所示，将套材中的机头插入机身头部。

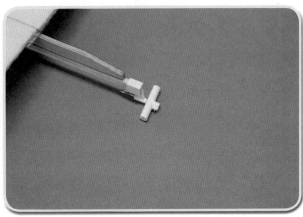

图 4.9　粘接机翼　　　　　　　图 4.10　组装机头

制作螺旋桨：按图 4.11 所示，将套材中的螺旋桨轴对齐桨叶根部中心线，用胶水粘接，然后按大约与拉力线呈 40° 的角度插入机头套管中。

注意：两片桨叶的角度要相等，否则当螺旋桨旋转时会产生抖动。

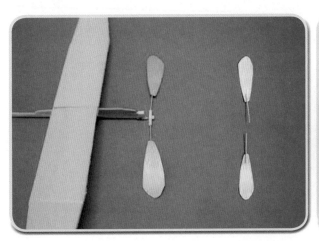

图 4.11　制作螺旋桨

安装动力橡皮筋：按图 4.12 所示将套材中的橡皮筋束系紧后盘起，分别挂在机头钢丝钩和尾钩上。

注意：橡皮筋束应呈松弛状态。

教你一招：怎样发挥橡皮筋的最大能量？

（1）将橡皮筋束用香皂清洗干净，滴上几滴蓖麻油或甘油，放入深色塑料袋中备用。

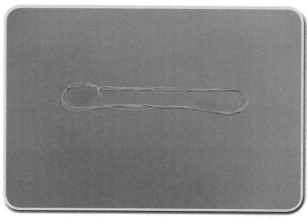

图 4.12　安装动力橡皮筋

（2）用 2 毫米自行车条做一个挂钩夹在手摇钻上。试飞时用其拉出机头将橡皮筋束拉长，绕动的同时回退，直至最大绕数，装上机头准备试飞。

4.1.3　检查试飞

1. 目测检查

（1）从飞机前方看（正视方向）：机翼左右上反角与水平尾翼的夹角是否相等；垂直尾翼与水平尾翼是否垂直。

（2）从飞机上方看（俯视方向）：机翼、垂直尾翼、水平尾翼有无偏斜；机身是否左右弯曲。

（3）从飞机一侧看（侧视方向）：机身是否上下弯曲。

（4）以上检查如有明显偏差，应予以校正。

（5）检查重心位置是否在翼弦的 50% 位置，如不是，可用橡皮泥在机头或机尾增加配重进行调整。

2. 动力试飞

（1）先用小动力试飞，橡皮筋缠绕 50 ～ 120 圈。试飞时，一只手握住机身重心位置，另外一只手卡住螺旋桨，迎风以适合的迎角放飞。

（2）通过调整垂直尾翼后缘，可以改变飞机的盘旋半径。

（3）当出现机头上扬飞机作波状飞行时，应在机头适当增加橡皮泥配重；向下俯冲时则在机尾适当增加橡皮泥配重。

（4）飞行正常后可进行大动力飞行,橡皮筋的最大绕数应根据使用的品种和维护方法来决定。

4.2　超级电容小飞机制作

通过前面的内容我们对飞机结构、飞行原理有了一定的了解和掌握,也能够自己制作一架简单的橡皮筋动力飞机。除了橡皮筋,哪些设备还可以为模型飞机提供动力呢?下面我们一起来制作一架超级电容小飞机吧(见图4.13)。

以前的电动模型飞机通常都是采用电池给电机供电,带动螺旋桨产生拉力让飞机升空的方法。现在我们介绍的微型电动模型飞机,是用一种容量大、体积小、重量轻、充放电寿命长的3.3F(法拉)"超级电容"代替一般的充电电池,作为储存电能的器件。3.3F超级电容,储存电的容量是470μF(微法)的7000多倍,因此才能作为小飞机的动力电源(见图4.14)。

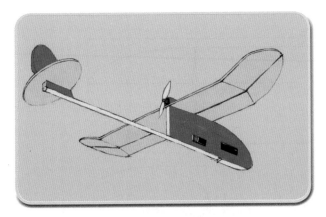

图 4.13　超级电容小飞机

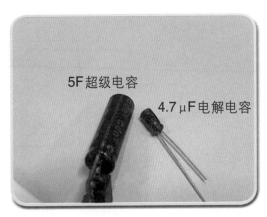

5F超级电容

4.7μF电解电容

图 4.14　超级电容

（1）超级电容先由普通锂电池充满一定的电量,然后给微型小电机提供电流,带动螺旋桨高速转动产生推力。适合随时随地的小空间反复飞行实践,对学习动力飞行的原理与调整非常有利。

（2）机翼翼展260毫米,翼弦65毫米,机身全长240毫米。飞行重量8~10克(超级电容1.3克,微型电机1.5克,微动开关0.5克)。采用推进式的动力装置,避免损坏螺旋桨,也不会对人造成伤害,更加安全可靠的飞行,适宜普及活动的开展。

（3）动力飞行最小盘旋半径2~3米,留空时间30~50秒,适宜室内大

厅或室外小场地尽情地游戏运动。

4.2.1 材料

超级电容器（3.3F/2.5V）、空心杯电机、微动开关、5号碱性电池2节、1毫米厚彩色吹塑纸、5毫米厚吹塑板（KT板下脚料）、饮料吸管、双面胶、透明胶带、泡沫塑料快干胶等。

4.2.2 工具

小刀、电烙铁和绘图仪器。

4.2.3 模型飞机制作工艺

（1）按模型的制作图和有关数据，用硬纸片做出机翼、尾翼、机头和尾翼翼台的样板（见图4.15）。

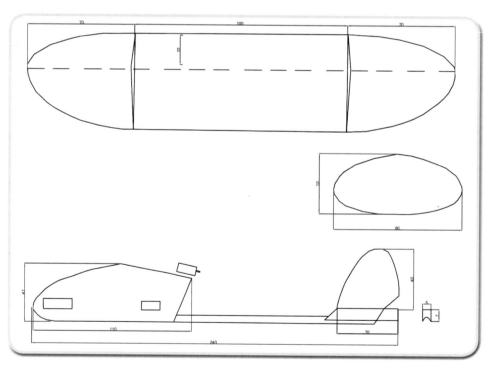

图4.15 安装示意图1

（2）用锋利的小刀沿着样板在1毫米吹塑纸上整齐地切出机翼实际图样。在平行于机翼前缘22毫米处用笔轻轻画一条线（翼型最高点），用直尺压住这条线连同两侧椭圆形翼尖部分一起进行弯折。

（3）用小刀沿直尺切除机翼中段两侧的狭长三角形，为后面粘接上翘的翼尖做准备。

（4）为了增加机翼强度可在中段最高点连线处上、下面各贴一条 10 毫米宽的透明胶带。中段前缘也可以用胶带保护，要粘得均匀平整（见图 4.16）。

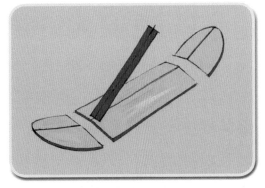

图 4.16　安装示意图 2

（5）中段与翼尖准备连接的断面先用少许泡沫塑料快干胶涂匀，晾干 5 分钟后再细心地对齐接缝胶合，准确调整两侧上反角（翼端高度 35 毫米），将机翼完整地粘接成型。

（6）用同样办法制作粘牢"⊥"形尾翼。

（7）机头和尾翼翼台都用 5 毫米厚的吹塑板制作。重心位置下面的方孔要安装小微动开关，为降低重心，应尽量靠下；电容器尽量靠前安装，机头可以少加配重，有利于减轻飞行重量。

（8）尾杆可以用外径 4 ～ 5 毫米、长度 190 毫米的饮料吸管，既轻又有一定强度。

（9）各个部件制作完成后，用泡沫塑料快干胶将模型飞机主体进行胶合。胶合过程中要注意从机头前向后，从模型上方向下，从模型侧面，三个方位认真仔细观察左右是否对称，角度是否正确。在胶干燥之前是可以从容地调整好的（见图 4.17）。

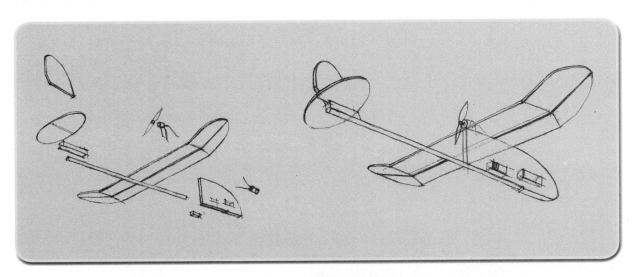

图 4.17　安装示意图 3

4.2.4 动力系统的制作与安装

（1）用3毫米厚桐木或松木片，按图4.18所示制作直径40毫米的小螺旋桨。

（2）用合金铝易拉罐皮制作安装架，用双面胶将电动机和安装架黏合，安装架插在机翼后缘处的机身正中间，微电机在机翼后缘上部，螺旋桨推进式安装在机翼后方。安装架与机身的胶合也靠双面胶，这样轻巧的胶合可以很方便牢靠地调整电动机的推力线。因为小飞机很轻巧，采用的后置推进式动力也很轻微，在飞行中有轻微的碰撞，推力线不会改变，更不会造成损坏。

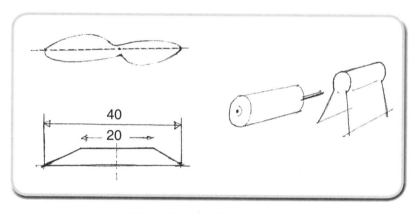

图 4.18　安装示意图 4

（3）在老师的指导下应该先了解电路知识和焊接技术。按电路图（见图4.19）用电烙铁焊接的方法连接微电机、超级电容器、微型插座和微动开关。电路元器件显露在外面，主要是为了减轻重量，节省制作时间，出现故障也便于检查。

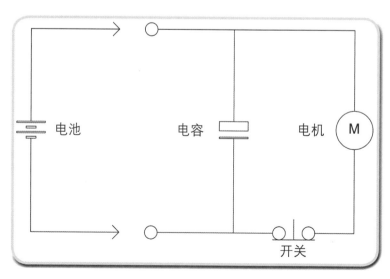

图 4.19　飞机电路图

注意：微动开关要处于飞行时闭合状态，让电容向电机放电；充电时要先按住小按钮，呈现对电机的断路状态，让电池只给电容充电。

（4）整机装配完成后，重心位置应在距离前缘 37 毫米处。如需配重，用少许橡皮泥粘在机头前端。

（5）准备一个串联 2 节 5 号碱性电池能提供 3 伏特直流电压的电池盒，伸出的导线长约 200 毫米，用红、黑两色明确表示正负极性，接在微型插头上，用以飞行前插在微型插座上给超级电容器充电，也可以外接 USB 充电。

注意：超级电容是有极性的，电机不要反转。

本 章 小 结

通过初级橡皮筋动力模型飞机和超级电容小飞机的制作，我们真切感受到了航模带来的乐趣。其实，为电容小飞机提供动力的是一台电动小马达，除了电机之外，能为航模提供飞行动力的装置还有活塞发动机、涡喷发动机、固体火箭发动机和二氧化碳发动机等。随着大家知识的增长，它们会一点点地走进你们的生活。

思 考 题

（1）有哪些小技巧能增加橡皮筋航模的飞行时间？

（2）初级橡皮筋动力航模的升力和推力分别是怎样产生的？

（3）在制作超级电容小飞机的过程中，你认为最重要的是什么？

（4）对比橡皮筋航模和超级电容小飞机，它们各自有什么优缺点？

（5）请记录两种航模的滞空时间，并进行对比和思考。

第 5 章

模拟飞行初体验

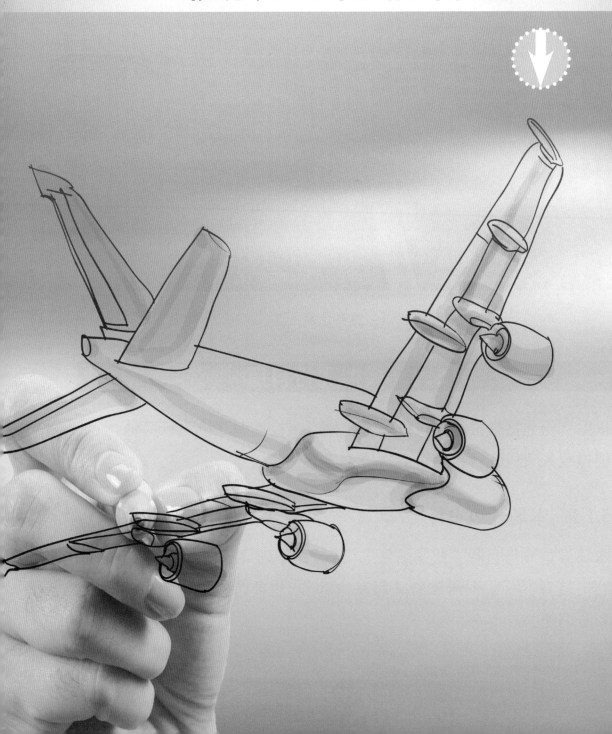

模拟飞行是指通过计算机软件模拟真实飞行,并通过外部硬件设备进行仿真操控的一种虚拟飞行活动。模拟飞行将科技体育运动从户外搬到了计算机屏幕上,从而突破了时间、场地、天气等因素的限制,使参与者足不出户便可享受到驾驶飞机、操控航模、跳伞等带来的乐趣。自 2007 年模拟飞行活动在我国推广以来,在规范管理、规则制定等方面逐步完善,形成了自己的发展特色(见图 5.1)。

图 5.1　竞赛示意图 1

5.1　模拟飞行科目

模拟飞行包括模拟载人飞机飞行和模拟遥控模型飞机飞行两种。

模拟载人飞机飞行包括以下几项。

5.1.1　本场五边飞行

本场五边飞行也称"起落航线"飞行,是学习飞行的基础科目,集中了起飞、爬升、转弯、平飞、下滑和着陆等基本动作,主要考查操纵者对飞行的综合操控和协调能力。

使用机型：Cessna 172SP（塞斯纳）。

真实度设置：困难模式下取消自动尾舵,勾选显示飞行提示、勾选开启自动混合器、勾选允许螺旋效应,其余选项及功能不允许使用。

比赛最长飞行时间：12 分钟。

5.1.2　固定翼钻圈

操纵者驾驶虚拟飞机起飞,依次飞过地图标注的光圈。本项目考查操纵者短距离航线飞行及对虚拟飞机的平稳操控能力。

使用机型：P-51 "野马" 歼击机。

真实度设置：困难模式下取消自动尾舵,勾选显示飞行提示、勾选开启自动混合器、勾选允许螺旋效应,其余选项及功能不允许使用。

比赛最长飞行时间：15 分钟。

5.1.3　特技飞行

操纵者在沿着纵轴、横轴和立轴三轴空间中,在短时间内做综合旋转动作。在特技飞行中,飞行员进行绕飞机三轴的飞行。一般规定了几组飞行动作：直线和转弯、滚动转弯、直线的组合、螺旋、缰头机动、尾滑机动、跟斗、S 形和8 字形、滚转（慢、滚中有停、正或负弹滚）、直线、跟斗和滚转的组合,在正飞和倒飞中可以实现数千种组合。

5.1.4　穿越气柱竞速

操纵者驾驶特技飞机穿越由 6 个气柱门组成的矩形。共飞行 4 圈,用时少者获胜。本项目直接模拟特技飞行竞赛,有较强的竞技性。

使用机型：EXTRA 300S。

真实度设置：困难模式下取消自动尾舵,勾选显示飞行提示、勾选开启自动混合器、勾选允许螺旋效应,其余选项及功能不允许使用。

最短比赛时间：40 秒；最长比赛时间：150 秒（见图 5.2）。

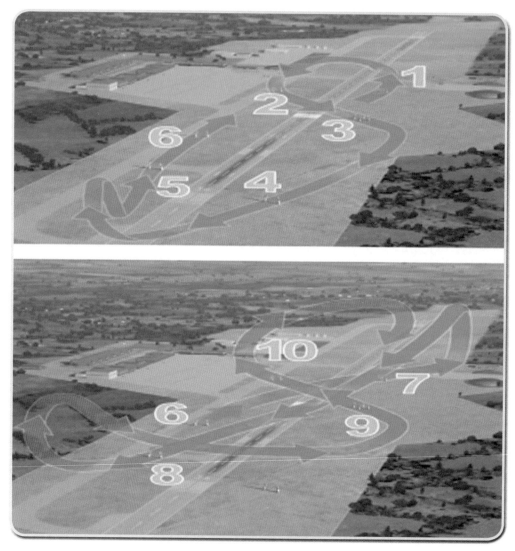

图 5.2　竞赛示意图 2

5.1.5　苏-33 航母着舰

操作者使用驾驶舱内视角驾驶苏-33 飞机从机场的跑道起飞,依次通过 2-8 触发区和 D1、D2 触发区后控制飞机降落在停在海面的航母上触发完成任务提示(见图 5.3)。

使用机型:苏-33。

真实度设置:外部视角关闭、F10 关闭、油量无限关闭,padlock 关闭,标签关闭,mini HUD 关闭,模拟程度为真实,G 效应为"模拟",鸟撞为 0。

从 2006 年起,模拟遥控模型飞机飞行活动在我国陆续开展,模拟遥控飞行软件逐渐从单一的飞前练习设备变为竞赛器材。2008 年,首届全国模拟遥控飞行锦标赛在河南郑州举办。2010 年,第四届全国体育大会新增了模拟遥控飞行项目,使这一活动进入了一个高速发展的新阶段。

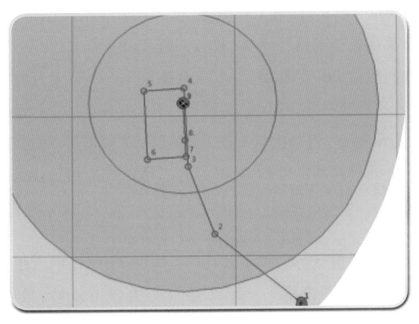

图 5.3 竞赛示意图 3

模拟遥控模型飞机飞行包括模拟固定翼飞机和模拟直升机飞行两类。模拟固定翼飞机包括自动停车定点着陆、超低空穿越障碍、超低空穿越海盗船和绕标竞速等小项,均以得分最高或用时最少为获胜标准。模拟直升机包括自旋定点着陆、超低空穿越障碍等。

5.2 模拟飞行装备

5.2.1 模拟飞行软件

模拟遥控模型飞机飞行的软件主要有微软模拟飞行、音速时代和真实飞行等。下面我们主要介绍微软模拟飞行、音速时代和真实飞行三款软件。

1. 微软模拟飞行

微软模拟飞行 (microsoft flight simulator) 是一个能在 Windows 中运行的飞行模拟器,是一款由 Microsoft 发行制作的模拟飞行类软件,于 1982 年发行,于 2021 年 7 月 27 日登录 Xbox 系列平台。

微软模拟飞行是该公司历史最悠久的项目之一,使人们能够坐在家里,用计算机实现作飞行员的梦想,它提供了更多的飞行器、更好的图形效果和更多的控制选项。2021年9月,在IGDA首届"全球游戏行业奖"颁奖典礼中,微软模拟飞行获得最佳网络技术奖、最佳调查和分析奖。

在微软飞行模拟2020中,包含400余座城市、200余万城市的完整道路与建筑、超过4.8万座机场、15亿栋建筑、1.5兆棵树木,全部都按照真实世界1∶1进行还原塑造,再加上光线追踪和实时建模渲染,微软在这款软件中完全还原了一个近乎真实的地球,将其称为"地球模拟器"也毫不为过。

2.音速时代

音速时代专业模拟飞行软件于2011年6月21日在中国版权保护中心正式注册。这款软件是国内唯一一款正版飞行类模拟软件,具有自主的知识产权。

音速时代是一款仿真度极高的模拟飞行软件,可以模拟各国历代教练机、螺旋桨客机、螺旋桨歼击机、喷气式客机、喷气式歼击机和直升机。软件将完整地表现出不同飞机在不同天气情况下的空气动力学状态,而且还可以将学生所有的飞行任务、动作都合成为录像,以供模拟飞行教官查看飞行训练的实际情况。

软件使用的飞机模型非常精确。软件飞机资料库中约有200架飞机的完整资料,并能完美地在本软件空气动力模型上表现出来。另外,软件可根据计算机的配置自主确定相应像素,以保证软件能很好地运行在一般学校电教室的中等配置机器上,以避免死机等情况。

音速时代还将在软件中实现天气效果,无论是晴朗的天空、阴霾的乌云、磅礴的大雨、绵绵的飞雪,还是危险的雷雨云层,这些天气软件都运算得与真实大气环境非常接近,学生可以尝试在各种天气下练习飞行。

其中的虚拟座舱制作得非常出色,仪表盘清晰可见。并且这些仪表数据都是根据飞机的状态不断变化的。该软件需要配合专业的飞行摇杆一起使用,此飞行摇杆和真实飞行驾驶感觉非常相似(见图5.4)。

图 5.4　飞行模拟练习

3．真实飞行

真实飞行是基于微软操作系统的一款模拟飞行软件。新手遥控飞行员可以通过它来学习初级飞行技能，同时有经验的遥控飞行员可以练习更高级别的飞行技能（见图 5.5）。

图 5.5　真实飞行界面

该软件有超过 160 架各类飞行器，包括飞机、直升机和无人机。还有 40 多个不同飞行地点，以及不同的飞行模式。同时还具有编辑飞机和网站的功能，使得飞行时几乎有无限的飞行选项可用（见图 5.6）。

该软件还加入了游戏的挑战，可以使飞行训练变得有趣，而且多人游戏选项可以在线与其他遥控飞行员一起飞翔、竞争。真实飞行 9 增加了更多受欢迎的飞机，以及更新的虚拟飞行教练课程，为新手学习飞行提供了一种新的体验（见图 5.7）。

图 5.6　声速时代模拟飞行软件套装

图 5.7　模拟器画面

另外，这块软件的画面仿真度高，即时运算的 **3D** 场景，从机体排烟的浓淡到天空云彩的颜色都可自行定义。飞行模组级对风的特性拟真度极高，30 级与 60 级直升机飞起来的状态是不一样的。持续风、阵风、随机风向可任意选择；具有网络连线功能，可与他人连线飞行。具有录影功能，可录制飞行档，观看飞行档时还可以显示摇杆的动作。飞行中可在画面上显示机体各项数据，如螺距、主旋翼转速（见图 5.8）等。

图 5.8　模拟器画面

5.2.2　模拟飞行硬件

对于每一位刚刚接触到模拟飞行的玩家,采用何种控制方式一直以来都是困扰他们许久的问题。下面我们一起来选择一款适合自己的飞行摇杆。

1. 品牌

常用飞行摇杆主要品牌有图马思特、赛钛客和罗技等（见图 5.9）。

图 5.9　飞行摇杆

2．款式

飞行摇杆有油门分离型和油门一体型两种。

油门分离型：适合进阶的操纵，要享受完整的操控乐趣，或是进行控制歼击机等高难度的动作，建议选择与真实飞行器相同的分离型产品。

油门一体型：常用于驾驶客机，对于新手玩家来说，可能会犹豫是否该购买高价位的飞行摇杆，此时便可挑选油门一体型，其售价大多低于分离型的产品。

3．选择要点

选择飞行摇杆时主要考虑规格、重量、按钮数量、适用机型等要点。

许多飞行摇杆为美国制造，但由于美国人的体型与亚洲人不同，因此游戏杆尺寸可能不符合我们的手掌大小。尤其针对手部娇小的使用者，建议尽量选择小巧的产品。如购买能够调整高度或倾斜角度的产品，便能配合不同的手部大小使用，也不易让手腕疲劳酸痛，很适合担忧尺寸不符的人参考。

在选择飞行摇杆时，重量也是考虑的重点之一。如果飞行摇杆过轻，便可能在操控时离开桌面。而部分产品附有止滑装置，或是粘贴在桌面的设计，如此即不需太过拘泥于重量，但若无此类功能，则仍建议选择较重的型号。

在驾驶飞行器时，按键的操作也极为重要，动作按钮不足的飞行摇杆难以顺畅操作，甚至需另外借助键盘辅助。而在驾驶歼击机的紧张过程中，可能会在一瞬间就决定了输赢，许多玩家便因动作按钮不足而后悔不已。但对于初学者来说，按钮过多却可能使操作难度相对提高，如果适应的速度够快，还是建议选择动作按钮较多的型号。

除了 PC 以外，飞行模拟游戏也可于 PS3、PS4 上进行，也有飞行摇杆能够适用于不同的游戏机；消费者务必先行确认适用的机型，以免购买后发现无法使用。

本 章 小 结

　　模拟飞行运动,是一项新兴的科技活动,它是由飞行院校训练飞行员所使用的飞行模拟训练器简化而来,利用计算机系统和网络环境,配置飞行摇杆、耳麦等专用设备,在模拟飞行软件平台上进行高仿真度的体验飞行。模拟飞行可以在看似非常真实的环境中进行飞机的机动训练和特技飞行表演,还可以利用计算机网络开展各式各样的飞行竞技比赛。

　　从模拟飞行开始,再由模拟飞行回归到真实飞行,这种模式不仅有效地向广大航空运动爱好者及青少年普及国防航空知识,推广航空体育运动,还可以为国家储备大量的飞行人才。

思 考 题

　　(1) 进行模拟飞行之前要做哪些准备工作?

　　(2) "五边"飞行的每个边的主要作用是什么?

　　(3) 不同的飞行科目给你带来哪些不一样的飞行体验?

　　(4) 假如以后你想成为一名战斗机飞行员,通过模拟飞行可以给你带来哪些收获?

　　(5) 和驾驶普通飞机相比,驾驶舰载机还需要应对哪些挑战?

附　　录

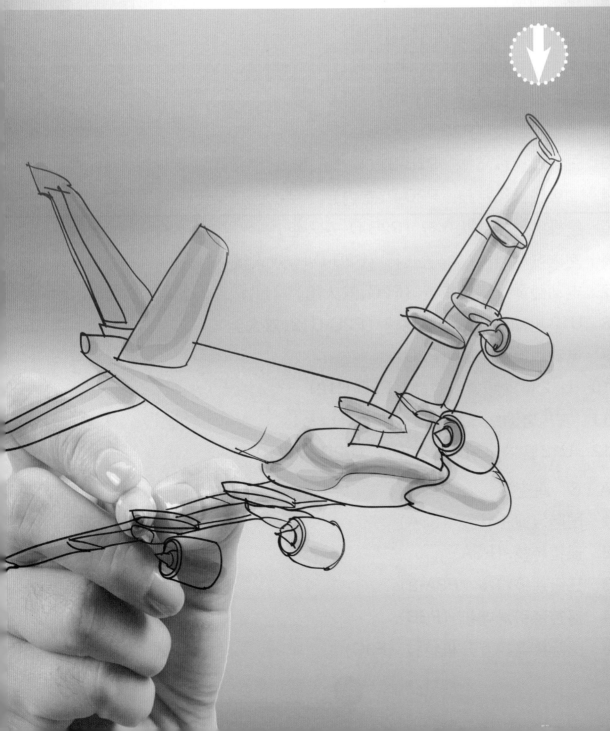

A 全国青少年航空航天模型锦标赛竞赛项目分类（2022 年版）

A.1 个人赛

A.1.1 自由飞类

1 牵引滑翔机（F1H）

2 二级牵引滑翔机（P1A-2）

3 二级橡皮筋动力飞机（P1B-2）

4 橡皮筋动力室内飞机（P1D-P）

5 活塞式发动机动力飞机（F1P）

A.1.2 线操纵类

1 国际级线操纵特技（F2B）

2 线操纵特技（P2B）

3 三级线操纵特技（P2B-3）

4 二级线操纵特技（P2B-P，室内）

5 线操纵特技编队飞行（P2B-D，双人组）

6 室内电动线操纵编队飞行（P2B-D/P，双人组）

7 电动线操纵编组竞速（P2C，双人组）

8 U12 电动线操纵编组竞速（P2C-U12，双人组）

9 电动线操纵空战（P2D）

10 U12 电动线操纵空战（P2D-U12）

11 室内电动线操纵空战（P2D-P）

12 U12 室内电动线操纵空战（P2D-P/U12）

A.1.3 遥控类

1 国际级遥控特技（F3A）

2 遥控特技（P3A）

3 三级遥控特技（P3A-3）

4 遥控牵引滑翔机（P3B）

5 国际级遥控直升机特技（F3C）

6　二级遥控直升机特技（P3C-2）

7　遥控手掷滑翔机（F3K）

8　遥控留空时间滑翔机（P3K-U12）

9　二级遥控室内特级（P3P）

10　遥控室内花式飞行（P3P-D,双人组）

11　遥控直升机飞行（R3R-T）

12　遥控双机分离定点（P3S,双人组）

13　遥控弹射滑翔机（P3T）

14　二对二遥控空战（P3Z-4,双人组）

15　遥控涡喷特技飞行（P4J）

16　遥控电动滑翔机（P5B）

17　遥控纸飞机编队飞行（P5M-3Z,三人组）

18　多轴无人机任务飞行（P9R）

19　多轴无人机竞速（P9U）

20　多轴无人机障碍飞行（P9U-P）

A.1.4　航天模型类

1　高度火箭（S1A/2）

2　载荷火箭（S2/P）

3　伞降火箭（S3A/2）

4　助推滑翔机火箭（S4A/2）

5　仿真高度火箭（S5B）

6　带降火箭（S6A/2）

7　仿真火箭（S7）

8　火箭助推遥控滑翔机（S8D/P）

9　自旋转翼火箭（S9A/2）

A.2　团体赛

1　个人赛各竞赛项目的单项团体,每项限 3 人（或 3 组）

2 电动线操纵编组竞速 P2C 和 P2C-U12，以 2 组计入单项团体

A.3 女子赛

1 线操纵类（F2B）

2 遥控类（F3A、F3C）

3 航天类（S1A、S2/P、S3A/2、S4A/2、S5B、S6A/2、S7、S8D/P、S9A/2）

凡个人赛以上项目中只要参赛女子个人有效成绩满足 3 个（含 3 个）以上队参赛，可增设单列女子赛个人比赛成绩名次，同时计各项目个人赛成绩名次，并可以将本队较好成绩的 3 人选入单项团体。不设女子单项团体赛。

B 竞赛的一般规则

1 各级竞赛可按年龄段、学龄段、性别分组进行。可以进行个人、单项团体、综合团体赛。

2 参加比赛的模型必须符合技术要求。可以采用自审和抽审的方法审核模型，合格后做上标记。取得名次的模型要进行复审，复审不合格者成绩无效。

3 每架模型只能由一名运动员用来参加比赛。

4 每名运动员在比赛中可以用 2 架模型（特别规定的项目除外）。除机翼、机身和尾翼外，备用零件数量不限，并且可以互换，但更换后仍需符合要求。

5 禁止使用金属螺旋桨。凡是危及安全、妨碍比赛的模型或装置，裁判长有权禁止使用。

6 比赛开始前 15 分钟静场、净空。同时在待飞区开始检录，隔 1 分钟点名 1 次，核对运动员和模型；3 次点名不到者，该轮比赛成绩作弃权论。

7 参赛运动员必须在比赛开始 15 分钟前，将无线电遥控设备交到电台管理处。没有按时交设备者，除该轮比赛成绩作弃权论外，还要追究其延误比赛的责任。对态度恶劣者，裁判长有权取消其比赛资格。

8 按项目规定入场的助手只限于做协助工作。

9　裁判员的视力或矫正视力不低于 1.0。

10　以下情况该轮判为零分：声明弃权、检录三次点名或入场点名未到及规则规定应判为零分的情况。

11　排列个人名次时，若无具体规定，成绩相同者名次并列。团体赛记分和名次排列方法按规程执行。

12　无线电遥控评分类项目的成绩评定。

（1）采用 10 分制评分，可用 0.5 分。每个动作得分为：K（难度系数）× 裁判评分。每个动作舍去最高和最低的得分，再计算平均值。各动作的得分之和为该轮比赛成绩。

（2）比赛采用千分制的方式计算。把每轮最高得分选手的总分记为 1000 分。其余选手的得分数依照下式换算：

$$换算得分 = 1000 \times \frac{P}{P_w}$$

式中，P 为该名选手的得分（原始分）；P_w 为该轮中最高原始分。

（3）自选自编动作飞行科目规定比赛时间超出，本轮得分扣减 10 分。

13　总裁判长可根据竞赛场地的气象条件、场地状况或其他不可克服的原因等情况，决定比赛的轮次、提前或推迟比赛、某轮次的最大留空测定时间。改变必须在赛前或该轮开始前宣布。

14　运动队应遵守比赛纪律、尊重裁判、服从裁判，不得影响裁判工作，对有上述情况者的运动员或运动队，竞赛组织者可视情节予以批评、警告直至取消比赛资格等处分。

15　运动员对裁判工作有异议时，有权通过领队以书面方式向大会提出。对成绩名次评定有异议时，应在公布成绩后 1 小时内以书面形式提出。

参考文献

[1] 民航教程编委会. 民航概论 [M]. 北京：经济日报出版社，2015.

[2] 郭博智，王敏芹，阮宏泽. 民用飞机安全性设计与验证技术 [M]. 北京：航空工业出版社，2015.

[3] 阮光峰. 飞机·飞行器发展史 [M]. 天津：百花文艺出版社，2011.

[4] 唐涛. 空战经典 [M]. 呼和浩特：远方出版社，2005.

[5] 彭本红，吴桂平. 航空公司运营管理 [M]. 武汉：武汉理工大学出版社，2010.

[6] 王重华，孙梅. 民航基础知识 [M]. 北京：化学工业出版社，2013.

[7] 张晓明，黄建伟. 民航旅客运输 [M]. 2 版. 北京：旅游教育出版社，2010.

[8] 唐卫贞，付令，王丰. 浅谈飞行签派员职业生涯规划 [J]. 职业时空，2005.

[9] 张明，韩松臣，裴成功. 空中交通管制员工作负荷研究综述 [J]. 人类工效学，2009 (2).

[10] 穆燕城. 体验航空 航空模型制作与放飞 [M]. 北京：航空工业出版社，2019.

[11] 知识嗑儿. 中国空军发展史 [J]. 百科探秘：航空航天，2020.

[12] 贾玉红，胡波，曲连江，等. 驾驭神鹰——飞行技术基础 [M]. 北京：北京航空航天大学出版社，2014.

[13] 吉姆·温切斯特. 战机档案：经典战机 7[M]. 张立功，译. 北京：中国市场出版社，2014.

[14] 辰先生. 新一季蓝天梦：民航招飞知多少 [J]. 求学，2019 (11).

[15] 匡涛. 塔台管制中落地许可的分析 [J]. 大科技，2018.

[16] 王敬甫. 空乘服务礼仪及航空个性化服务研究 [J]. 中国航班，2020.

[17] 胡立雪. 一种皮筋驱动式飞机模型 CN204543557U[P]. 2015-08.

[18] 冉龄玉. 民航客运量影响因素回归分析 [J]. 中国航班，2020.

[19] 呙德红，陈汉廷，李友舟，等. 超级电容制作系统及超级电容制作方法：CN201611025655.X[P].

[20] 沈海军. 室内微小模型飞机的设计与制作 [11] 超级电容自由飞模型的制作 [J]. 航空模型，2015.

[21] 冯桦，徐书楠. 微软模拟飞行 10[J]. 大众软件，2007.

[22] 綦麟. 一种模拟飞行设备 CN211044630U[P]. 2020.

[23] 张莹. 金头盔红剑展翅 空军"天眼"迈进新时代 [N]. 法制晚报，2018-01-04.

[24] 刘朝晖. 人民空军 70 年：曾经雏鸟，今日雄鹰 [N]. 新民周刊，2019-11-11.

[25] 民航知识 [N]. 郑州航院报，2019-07-16.

[26]《中国机长》连续八天成最"想看"大片 [N]. 半岛晨报，2019-09-19.

[27] 新中国战斗机发展简史 [N]. 郑州晚报，2017-07-31.

[28] 五大惨烈空战 [N]. 南国都市报，2016-04-06.

[29] 张聚恩. 振兴航空产业是国家召唤与历史责任 ——写在新中国航空工业创建 70 周年之际 [J]. 国防科技工业，2021.

[30] 田志双. 民用航空空管监视雷达功能检测 [J]. 中国航班，2021.

[31] 安德烈. 世界军用运输机经典机型 [J]. 航空世界，2020.

[32] 姚琴. 民航企业法律合规监管制度构建探析 [J]. 区域治理，2022.

[33] 吴长乐. 浅谈五边精细化管理在管制运行中的运用 [J]. 民航学报，2020.

[34] 陈乔，杜晓辉. 提高空乘学生的综合素养和上机率状况调查研究 [J]. 科技经济市场，2014.

[35] 张铁纯，刘珂. 人为因素和航空法规（ME、AV）[M]. 2 版. 北京：清华大学出版社，2017.

[36] 董襄宁，赵征，张洪海. 空中交通管理基础 [M]. 北京：科学出版社，2011.

摄　影

（以音序排列）

陈健　崔文斌　刘军　李进忠　齐贤德　杨宏章　仲戈

绘　图

（以音序排列）

李秋雨　刘晓晴　于芮婷　袁荣政

声　明

在此，我们对为本教材做出了贡献的人们，一并表示最衷心的感谢。由于种种原因，个别图片和文献资料作者的姓名可能有遗漏，在此深表歉意。

需要说明的是，对部分图片作者，因地址不详而无法联系，也无法支付报酬。请作者见书后与我们联系。

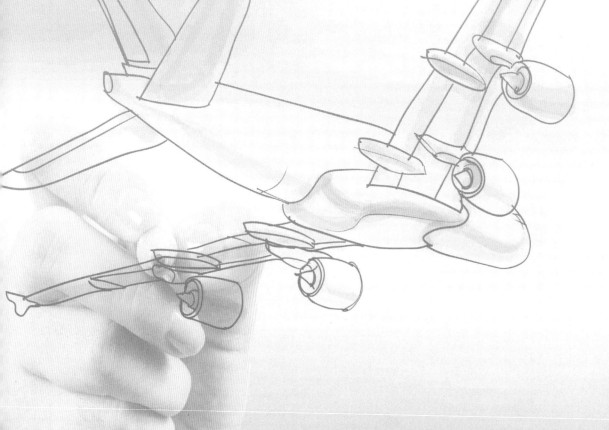